整木定制
130 问

鄂飓涛 —— 著

江苏凤凰科学技术出版社

南京

图书在版编目（CIP）数据

整木定制130问 / 鄂飓涛著. —— 南京 ：江苏凤凰科
学技术出版社，2021.6
ISBN 978-7-5713-1902-1

Ⅰ．①整… Ⅱ．①鄂… Ⅲ．①室内装修－木制品－装
修材料－问题解答 Ⅳ．①TU56-44

中国版本图书馆CIP数据核字(2021)第080444号

整木定制130问

著　　　者	鄂飓涛	
项 目 策 划	凤凰空间 / 翟永梅	
责 任 编 辑	赵　研　刘屹立	
特 约 编 辑	翟永梅	

出 版 发 行	江苏凤凰科学技术出版社
出版社地址	南京市湖南路1号A楼，邮编：210009
出版社网址	http：//www.pspress.cn
总 经 销	天津凤凰空间文化传媒有限公司
总经销网址	http：//www.ifengspace.cn
印　　　刷	河北京平诚乾印刷有限公司

开　　　本	787 mm×1092 mm　1 / 16
印　　　张	11
字　　　数	180 000
版　　　次	2021年6月第1版
印　　　次	2021年6月第1次印刷

标 准 书 号	ISBN　978-7-5713-1902-1
定　　　价	88.00元

图书如有印装质量问题，可随时向销售部调换（电话：022-87893668）。

前言

　　一个月薪上万元的职业，不看性别，不看学历，甚至不看年龄，只要你有能力，随时可以找到工作。这就是——整木设计师！

　　目前，国内整木定制行业异常红火，随着居民消费水平的全面提高和一站式服务的流行，传统家居建材市场的消费环境正悄然生变，整木定制开始成为趋势。整木定制是集硬装和软装设计、生产、安装于一体的整体解决方案，从装饰装修设计开始，到地板、木门、楼梯、衣柜、橱柜、护墙板、吊顶、家具等以整木制品定制化生产。国内很多的家具企业都在做整木定制，据估测目前国内定制家居产业规模已近 1800 亿元。

　　那么，需要多少整木设计师呢？

　　保守估计需要 10 万人！

　　但是，目前的设计市场，整木设计师非常缺乏。其优厚的待遇，吸引了众多的相关人员转入整木设计行业。原来做室内设计师、板式家具设计师的，还有接单的、安装的，以及一些整木生产、销售的人员，都来到了整木设计行业，成为"新手设计师"。

　　然而，整木设计师的成长是缓慢的，并且是非常坎坷的，尤其是新手设计师，在成长过程中的茫然、困顿，在出现设计错误导致不能安装时的无助……

　　这样的经历，我也有过，感同身受！所以，写了这本书，给新手设计师提供一些帮助，助力其快速成长。

　　整木设计师通常必须掌握的内容都有哪些呢？

常规木门的工艺和测量方法，普通移门、折叠门、隐藏式移门、谷仓门、隐形门的工艺和深化及现场对接；各种花格的深化；平板墙板、造型墙板的工艺和深化；现场异型处理；天花木的几种工艺；包柱的工艺、木质楼梯的工艺和测量、玻璃扶手楼梯的工艺和测量、铁艺扶手楼梯的工艺和测量；免漆板家具的工艺；板木结合的家具工艺，实木家具的工艺；对原木的罗马柱、帽头、牛腿、雕花的掌握；后期的深化、拆单、下料单、生产指导、安装等。这些都是整木设计师必须熟练掌握的内容。

由于时间和篇幅的限制，这本书并不是一本系统的整木培训教材。整本书中，130 个问题解答、3 个典型实例讲解，都是多年实战经验的总结。如果对于整本书的知识点都能够掌握并且举一反三熟练应用，基本也算掌握了多半的整木知识，在业务水平上会有一定程度的提高。

需要说明的是，书中工艺，多数是行业内的经验做法，请参考使用；应在遵守国家标准规定的前提下，确定是否适用。

开厂的老板、门店的老板、营销总监、区域经理都可以看一看这本书，可能其中的一种工艺就能解决你的问题而避免损失，可能其中的一个技术方案就能让你得到客户的信服而顺利签单。对于整木销售人员，可能其中的一个知识点，就能让你在面试时脱颖而出，或能让你升职加薪。

精通一个职业，做一个手艺人，衣食无忧！

著者

2021 年 5 月

目录

3 楼梯 问题 45 ~ 问题 57

4 定制家具 问题 58 ~ 问题 111

5　杂项　问题 112 ~ 问题 130　　133

6　实例讲解　实例 1 ~ 实例 3　　153

1 木门

问题 1 ~ 问题 22

1

问题
1

整木从业人员需要了解的木门基本结构有哪些？

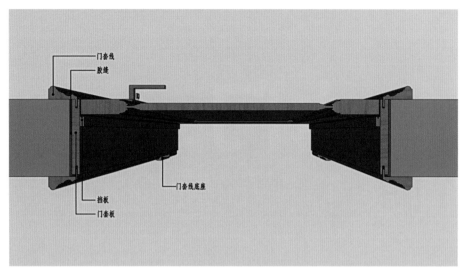

门套线
胶缝

门套线底座

挡板
门套板

图 1

▲整木从业人员需要了解的木门基本结构如图所示，至于木门的造型可以在以后的实践中慢慢了解，刚入行不必急于掌握。

问题
2

常规的木门测量培训为什么不能满足使用需求？

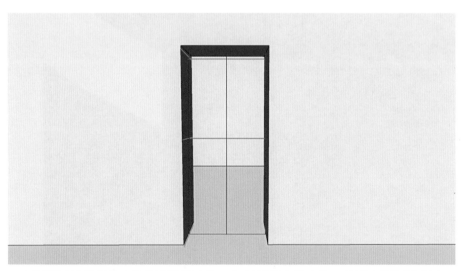

图 2

▲木门测量是常规的木门施工培训内容，也是最基本的内容。按图中门洞的高度、宽度和墙厚度各选取三个位置进行测量，取最小值。当然，如果只学了这些就出去量尺寸，还远远不够，按这几个基本尺寸就进行后面的工序是非常不可靠的，下面会逐步讲解。

问题 3 **木门测量有什么常见错误?**

图 3

◀木门测量常见错误:没有掌握门套线和门洞外扩尺寸之间的关系(解答见图5)。

图 4

◀木门测量常见错误:没有掌握门套周围空间的构件关系。在测量的时候,一定要注意周围是否有家具、石膏线、门头,确定是否会受到影响。

问题 4　门套线和门洞外扩尺寸之间有什么关系？

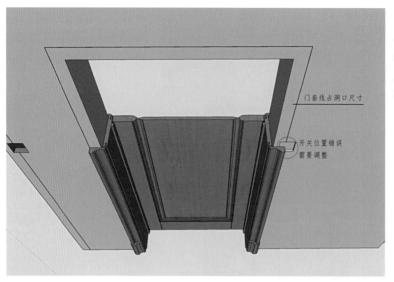

图 5

◀门套线占门洞尺寸特别重要！如果掌握了这个知识点，就不会出现图3中的错误。

重要提示　80 mm 宽门套线，预留门洞外扩尺寸为 55 mm；70 mm 宽门套线，预留门洞外扩尺寸为 45 mm。

问题 5　门头测量、设计要注意什么？

图 6

◀现场切掉门头一角，属于严重的设计事故，主要原因是没有掌握门头和门洞外扩尺寸的关系，技术要点见图7、图8。

◀图为门头两侧外延尺寸（大概），具体尺寸需要结合相关厂家技术参数确认。

—135 mm→

图7

200 mm

图8

▲图为门头上部外延尺寸（大概），具体尺寸需要结合相关厂家技术参数确认。

什么情况下门洞要进行修口，怎样修口？

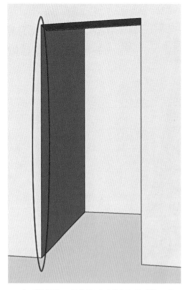

图9

▲红线圈一侧没有墙垛支撑，门套板无法安装，需要修口，方法见图10。

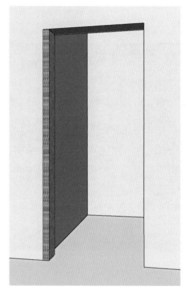

图10

▲ 使用木基层制作一个墙垛，70 mm 宽门套线做 45 mm 厚，80 mm 宽门套线做 55 mm 厚。可以由客户自己修口，也可以由木门厂家修口（需要再增加费用）。

图11

▲红线框一侧没有墙垛支撑，门套板无法安装，需要修口，方法见图12。

图12

▲ 使用木基层制作一个墙垛，70 mm 宽门套线做 45 mm 厚，80 mm 宽门套线做 55 mm 厚。可以由客户自己修口，也可以由木门厂家修口（需要再增加费用）。

◄红色圆圈处没有墙垛支撑，门套板无法安装，需要修口，方法见图14。

图13

◄使用木基层制作一个墙垛，70 mm 宽门套线做 45 mm 厚，80 mm 宽门套线做 55 mm 厚。可以由客户自己修口，也可以由木门厂家修口（需要再增加费用）。

图14

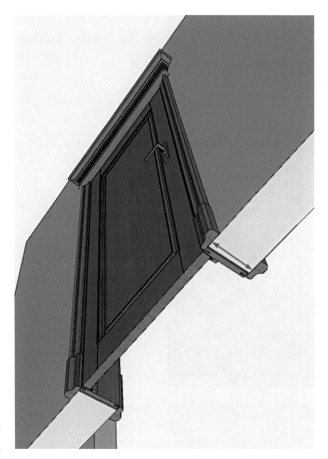

◀图中红色箭头为墙的宽度，新手设计师习惯将门套板的宽度设计成和墙厚一致。如果遇到墙面不直，门套线会和墙面之间出现空隙，影响美观。

图 15

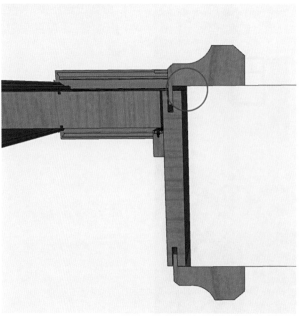

◀如图中红色圆圈所示，将门套板减尺 5 mm，能让门套线最大程度地和墙面靠合。

图 16

门洞两侧墙厚度不一致要如何处理？

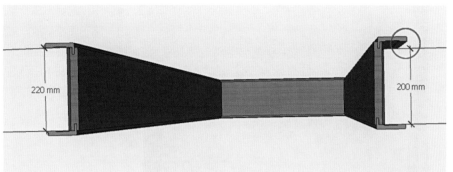

图 17

▲不建议门套板按宽的一侧下单。

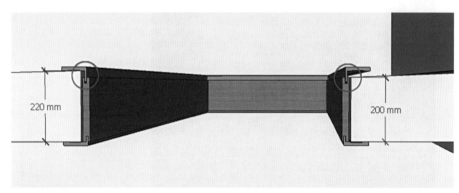

图 18

▲建议按照窄的一侧下单。

重要提示 图 18 中红线圈标记的扎口条，必须加长，否则不能安装，需要返厂，会很麻烦。

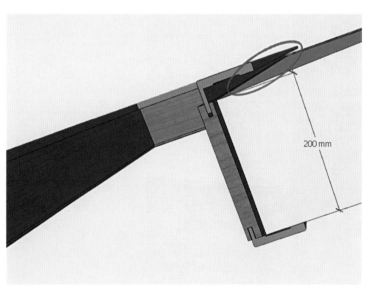

图 19

◀遇到两侧墙厚度不一致的情况，必须告知客户，建议修整墙面达到合格。如果客户不进行修整，需要让其明白安装后果为一侧门套线会出现加大缝隙，以免客户后期追责。

门套底座怎样使用?

◀由于门套线过薄,踢脚线没有收口,属于质量事故。其原因是踢脚线是由地板商家提供的,事先没有沟通,责任在木门测量一方,必须要客户提供踢脚线的厚度。

图20

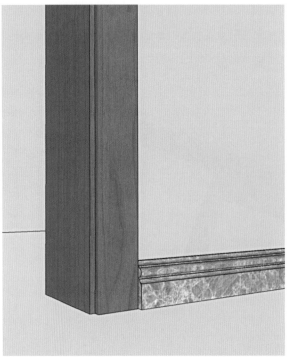

◀这种也是常见的错误,需要事先和石材厂家对接踢脚线的厚度,然后配备符合条件的门套线。

图21

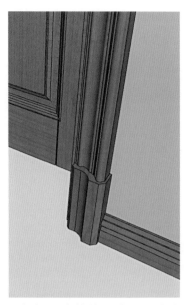

图22

▲根据踢脚线的厚度，设计底座，保证完成收口。

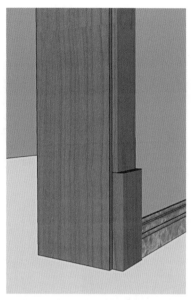

图23

▲底座随着门套线的线型进行设计。

问题
10 门套线底座的结构是什么样子的，如何安装？

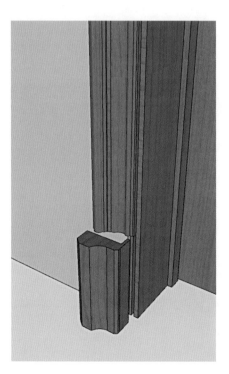

图24

◀底座的结构和门套线相同，高度一般为180~200 mm。

做木门的上升板要注意些什么？

◀常见的木门上升板方式。
上升板多数只做一侧，一般是做客厅的一侧。

图25

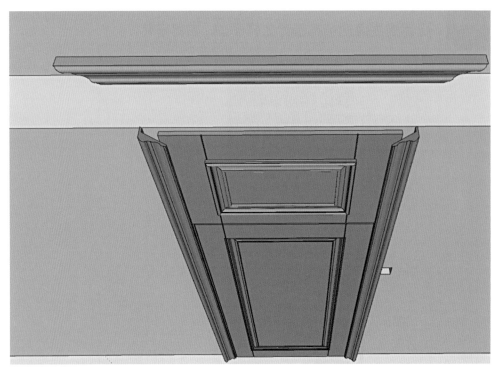

图26

▲木门的上升板结构工艺。
各个厂家工艺不同，均要掌握。

什么情况下使用对开门，用在什么地方？

图27

图28

▲▲门洞的宽度在 1600~1800 mm 时，会使用对开门。前些年别墅大门用得比较多，现在都被铜木门取代了。偶尔用在别墅内客厅和卧室之间。

什么情况下使用子母门?

图 29

◀ "三七门"。

门洞的宽度在 1000 ~ 1500 mm 之间，可以做成子母门，方便出入。"三七门"是其通俗的说法，通常所说的"三七门"就是宽的门扇宽度占整个门宽度的 70% 左右，窄的占 30% 左右。

图 30

◀ "二八门"。

门洞的宽度在 1000 ~ 1200 mm 的时候，可以做成"二八门"。"二八门"的原理同"三七门"。

子母门最容易出现什么问题？

◀子母门第一个要注意的问题是：在客户选择门的款式时，必须明确告知由于两侧门扇的宽度不一致，有些造型是不能做到一致的，如图中黄线圈处造型。

图31

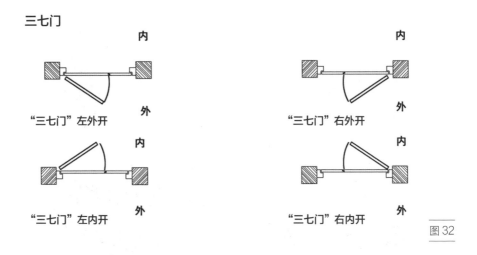

三七门

"三七门" 左外开

"三七门" 右外开

"三七门" 左内开

"三七门" 右内开

图32

▲子母门第二个要注意的问题是：必须要在现场测量的时候，同客户确定门的开启方向，一旦下单生产不能更改。

推拉门经常用在什么地方，需要注意什么问题？

◀推拉门常用在厨房和餐厅之间。

图 33

图 34

▲大扣线的门型不能做成推拉门，扣线之间会发生摩擦，客户选定门型的时候要特别提醒其注意。

推拉门的套板需要遮盖住滑轮轨道，套板内径做多少合适？

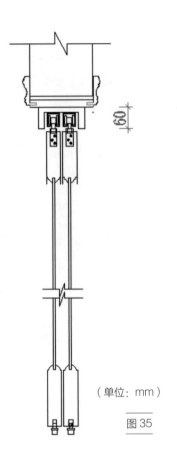

（单位：mm）

图 35

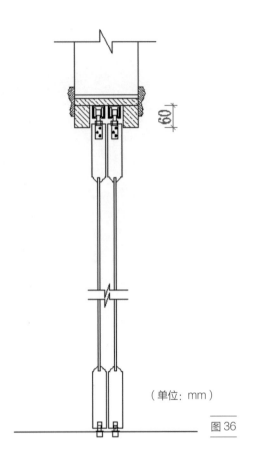

（单位：mm）

图 36

▲较常见的一种推拉门结构形式。
这种形式设计简单，易于安装，注意图中红色标准尺寸，可以参考使用。

▲不常见的一种推拉门结构形式（大品牌厂商常用）。
这种形式设计美观，安装稍显复杂，注意图中红色标准尺寸，可以参考使用。

什么情况下推荐使用折叠门？

图 37

图 38

▲一般情况下，可以使用推拉门的地方都可以使用折叠门。

▲有些门洞做单开门过大，做推拉门又有些小，比如厨房、餐厅处 1000 ~ 1300 mm 宽的门洞，做推拉门后单扇门过小，出入不方便，这个时候就应该建议客户安装折叠门。

重要提示 有一些宽度尺寸为 1000 ~ 1200 mm 的门洞，如果客户不喜欢子母门，可以建议做成折叠门。注意：不是五五对折，要保证主门的尺寸，可以做成"二八"折叠门。

使用折叠门应该注意什么问题?

图 39

图 40

▲门造型尽量不要有压线,以保证折叠后平整美观。

▲这种使用了小压线的折叠门(见图中红色圆圈处),不能完成 180° 折叠,影响效果。

重要提示 不要机械教条地使用此规范。如果客户特别喜欢小压线款式的木门,完全可以淡化小压线不能完成180° 折叠的影响,但需要事先对客户说明。

为什么不能安装谷仓门，怎样解决？

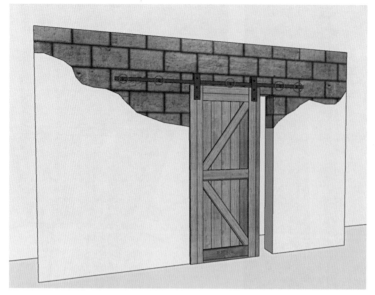

图 41

▲现在很多墙面使用的都是空心砖，一些业主想在后开的门洞上安装谷仓门，由于没有做过梁，所以膨胀螺栓不能使用，也就不能安装谷仓门了。图中红色圆圈处为膨胀螺栓。

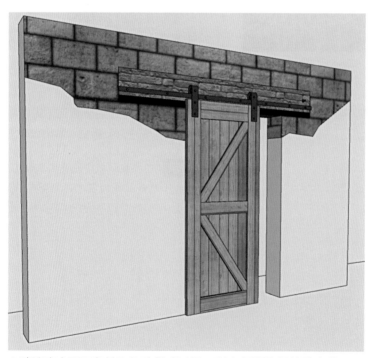

图 42

▲建议客户用三角铁和红砖做成过梁，以方便膨胀螺栓的安装。

对于谷仓门门型要注意什么问题?

◀谷仓门多数都是没有大扣线的造型,为的是防止和墙面剐蹭。

图 43

◀这种大扣线的谷仓门很少使用,虽然可以做,但是费工费料,需要增加费用。

图 44

编格有几种做法?

图 45

▲纯原木榫卯结构的编格。

图 46

▲密度板用雕刻机雕刻后做的混油效果。

◀这种造型是密度板直接雕刻做混油，不会出现问题。

图 47

◀图 48 和图 47 为同样的造型，但图 48 是密度板贴上木皮之后雕刻的，注意造型的小面（图中红色圆圈处）是没有贴木皮的，必须事先和客户说明，不能贴皮只能涂刷同色油漆，否则极易出现售后问题。

图 48

图 49

◄▼在有些地方，客户也需要原木编格，如果工厂没有木工能做榫卯，客户也没有榫卯工艺的要求，可以将木条做成 45° 角，纹钉钉制（图 49 中红色图圈处）。最后成品如图 50 所示，整体效果也不错。

图 50

2 木饰面
问题 23 ~ 问题 44

图 51

◀油漆墙板多数是多层板或密度板贴木皮，过长、过宽的规格容易变形，安装也受影响，现场出现问题也不好处理。

图 52

◀板材规格尺寸越小越稳定。整木设计追求的不只是款式新颖，首要工作是保证产品能够完美安装。纯原木的平板墙板长度、宽度不能超过 1000 mm，还要做消除应力的处理。

图 53

▲ 图中, a: 冠线, 80 ~ 200 mm, 可根据设计调整; b: 90 ~ 120 mm, 多采用 100 mm; c: 可调整; e: 腰线, 现在多采用 60 mm; f: 可调整; g: 踢脚线, 80 ~ 150 mm; m: 边板, 90 ~ 120 mm, 多采用 100 mm; n: 多采用 900 mm, 现在有采用 600 ~ 700 mm 的趋势。

重要提示 以上数据是按照 2600 ~ 3000 mm 的层高提供的, 若是层高较高的别墅客厅, 尺寸乘以 1.5。

木饰面的基层铺设有几种方法，如何使用？

◀第一种方法：满铺木基层。
此方法安装方便，推荐使用。

图54

图55

▲第二种方法：木条基层。
此方法施工时注意两点：第一，要结合设计图纸给出基层图纸；第二，木条必须找平。在确定方案之后才能提供基层图纸，对工期有影响。

◀要注意木饰面护墙板占用天花板的尺寸，需要将之事先告知客户或施工方，以免造成石膏线不能收口，或边吊尺寸不足。

图 56

◀这种大冠线背景墙，必须告知客户或施工方大冠线占用天花板的尺寸，否则会出现严重事故，比如筒灯不正，或一侧边吊过窄等。图中就是占用边吊过大。

图 57

问题 27 木饰面和实墙之间怎样收口？

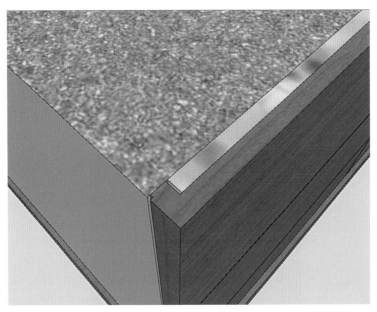

图 58

▲护墙板和实墙常用的收口方式，推荐使用。

问题 28 木饰面和石材之间怎么收口？

图 59

▲木饰面和石材最常用的收口方式——"海棠角"，切角可以做成 5 mm × 5 mm。

木饰面和壁纸哪个先施工?

◀木饰面和壁纸的工序问题,理应是先贴完壁纸再安护墙板,但是经常有整木安装工在安装的过程中造成壁纸划伤的情况,所以,建议客户先安装护墙板再贴壁纸,以避免壁纸损伤。

图 60

木饰面和壁纸之间需要怎样处理?

◀护墙板靠墙的地方做 L 形角,并做 5 mm×5 mm 切口,用以粘贴壁纸。

图 61

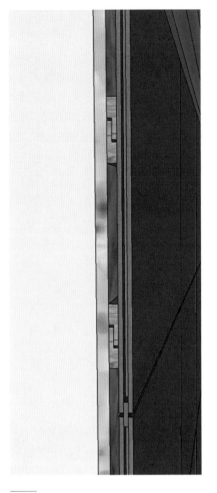

图62

▲若需无钉安装,可采用图中所示的挂条安装方式。

重要提示 挂条的种类比较多,也有楔形的。后面要打发泡胶,建议采用插条工艺安装,可以略微调节尺寸。

图63

▲另一种方式是采用图中所示的专用挂件进行安装。

怎样预留护墙板上的插座和开关位置？

图64

▲护墙板上的插座和开关，一般不建议安装在芯板上，多数安装在边板上（图65）；如图64红圈所示安装在芯板上，会影响整体效果。

图65

▲护墙板上的插座和开关位置一般会有偏差，所以我们在前期就要和客户沟通，所有插座和开关的线头，均预留500 mm长，方便位置的调整。

悬空背景墙怎样制作？

图 66

▲悬空背景墙，实际上应该由客户或装饰公司制作基层，但是有些时候，客户没有请装饰公司，不会制作，所以需要整木设计师提供施工图纸。

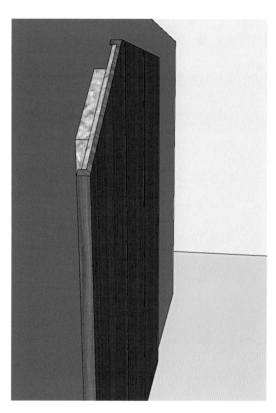

◀基层是一个 T 字形，后边隐藏灯带，护墙板是扣贴到基层上的。

图 67

免漆板护墙板可以明钉安装后再做美容吗?

◀▼免漆板护墙板的表面多为三聚氰胺纸或 PVC 覆膜,进行油漆美容后颜色和光泽都显得很突兀。

图 68

图 69

护墙板腰线和门套线怎样收口？

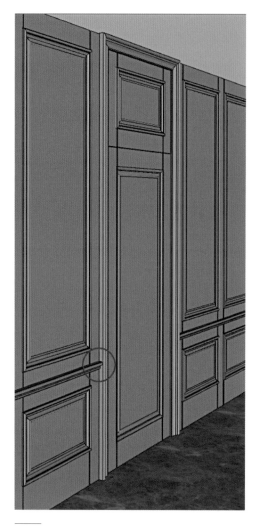

图 70

图 71

▲门套线的厚度一定要超过腰线的厚度，图中圆圈处所示就是错误的，腰线的厚度超出门套线的。

▲图中圆圈处是正确的收口方式，即门套线的厚度要超出腰线的。

重要提示 腰线和门套线的收口是非常重要的，尤其是客户本身没有概念的时候，一定要事先把工艺和装饰效果交代清楚，否则在安装之后，容易因客户理解错误产生纠纷。

◀墙裙板也有图中这样收口的，设计安装便捷，但不太美观。

图72

图73

▲图73和图72的区别是：图73是腰线直接折下来；图72折下来的线型和腰线不同。

免漆板护墙板怎样安装?

◀▼免漆板护墙板不
建议用明钉安装,建
议使用背胶和金属收
口条安装。

图 74

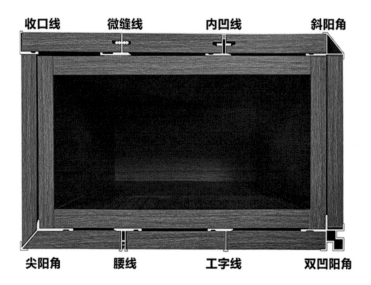

收口线　　微缝线　　内凹线　　斜阳角

尖阳角　　腰线　　工字线　　双凹阳角

图 75

一套完整的深化图纸应该包括哪些内容？

▼一套完整的深化图纸应包括索引图（图76）、立面图或立面图加节点图（图77）、拆单图（图78）。

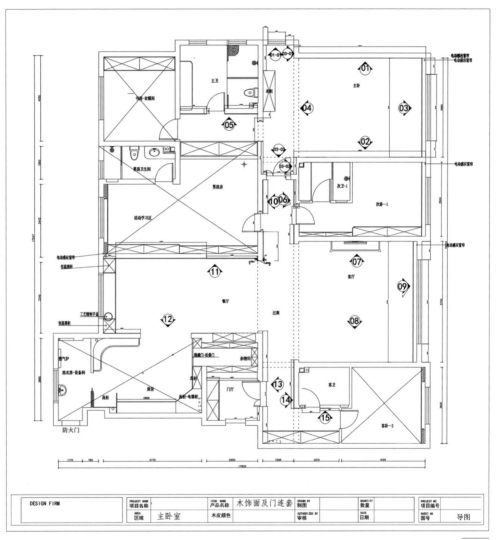

图76

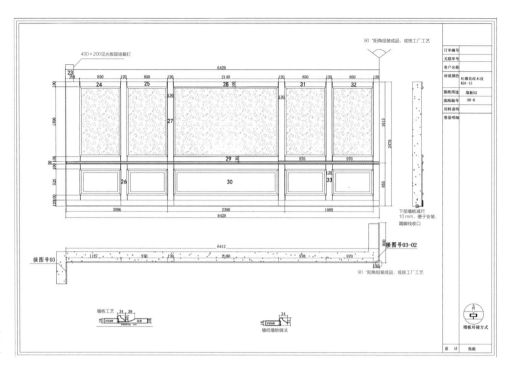

图 77

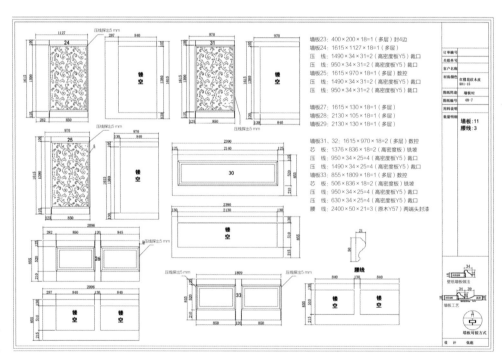

图 78

家具类深化图纸应该包括哪些内容？

▼家具类深化图纸，应该包含立面图、俯视图、侧视图和节点图（可以在一张图之中表现，图79），还有内部结构图（图80）。

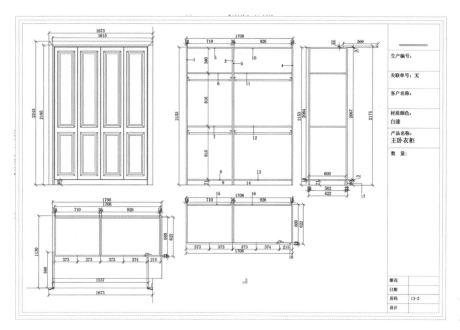

图79

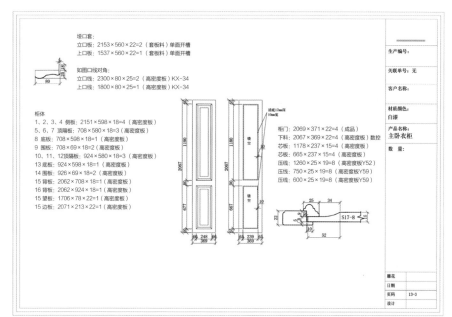

图80

什么情况下需要写安装说明，怎样写安装说明？

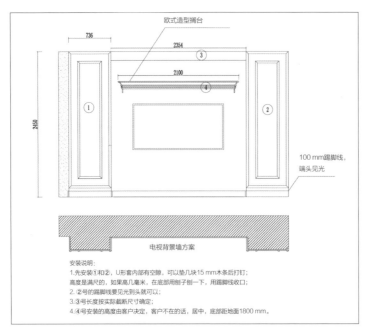

图 81

▲单值比较低、安装现场比较远、设计师比较忙不能到现场和安装工对接，并且图纸有一点复杂，在这些情况下，需要向安装工提供安装说明，以保证安装工作顺利进行。

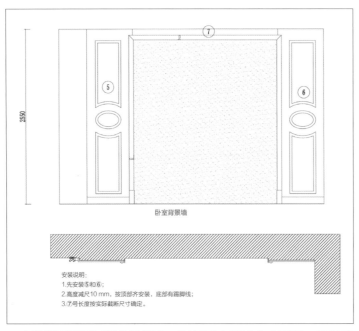

图 82

▲安装说明要用口语化的语言，以便工人能够完全理解，产品序号应按照安装顺序标注。

图 83

▲俗话讲"只有错误的设计，没有错误的施工"，所以设计师一定要和安装工保持良好的关系和沟通。由于整木设计师很难避免完全不出差错，如果沟通顺畅，安装工会及时将问题反馈给设计师修正，避免做到最后再返工。

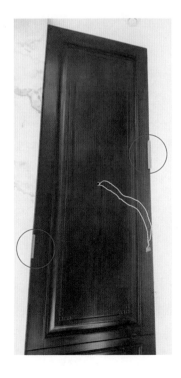

◀好的安装师傅有很多小技巧，可以解决很多问题。例如墙板安装是背面的胶水起作用，但在胶水凝固之前，需要临时固定墙板。如图中红色圆圈处所示，安装师傅用两个木块将墙板固定到两边的墙壁上，对墙板起到了临时固定的作用，几个小时之后再取下来，能达到无钉安装的效果。

图 84

大单安装时，为什么设计师必须到现场进行交底？

图85

▲大单必须现场对接：第一，检查材料有无破损；第二，和安装工一起分料，根据产品编号和图纸将每面墙的产品摆放到位；第三，对没有把握的地方第一时间进行试验，把问题消灭在萌芽状态。

图86

▲图中左右墙裙板尺寸非常接近，如果不事先分好，安装工有可能安装错误，引发连环事故。

怎样根据客户提供的装修效果图量尺寸、做方案?

图 87

图 88

▲客户提供的效果图。

拿到效果图后,先看一下工厂能否生产(一般情况下,工厂都能生产)。3万元以下小单基本可以按照效果图去做;如果是大单,就要考虑生产、安装、运输和利润的问题,对效果图进行优化处理。

▲现场实际情况。

结合效果图就会发现现场存在问题,不能达到效果图的效果,所以要做出如图 89 的说明,及时提交给客户,让其调整现场或修正方案。

图 89

▲需要向客户说明,如图中红色圆圈处所示,现场顶部石膏线探出 30 mm,不能做出效果图所表现的效果。

重要提示 现场测量勘察很重要,要查看现场的情况能否达到效果图的设计效果,如不能满足要求,需使用图片或现场说明及时和客户沟通说明。未经客户允许,严禁变更效果图方案,因为客户最后是按照效果图验收的。

为什么尽量不要做北欧风格的油漆木饰面？

图 90

图 91

▲▲北欧风格，基本上是浅色大块本色木饰面，都是贴天然木皮的。由于是天然的木皮，就存在色差，而原色是浅颜色不能修色，所以成品会存在非常明显的色差。图 90 中色差就非常明显，客户如果事先不了解这个情况，就会出现纠纷。另外，在生产过程中木皮破损不能用腻子修补，很麻烦。如果客户能够接受科技木皮，就不会出现问题。

小厂的下单生产图纸为什么要用彩色打印机打印?

这里说的小厂,就是没有设计部、技术部、生产部,一线工人没有受过专业培训,图纸看得不是很明白,有时候会把标注的引线看成尺寸。用彩色打印机打印图纸,能够避免这种失误。

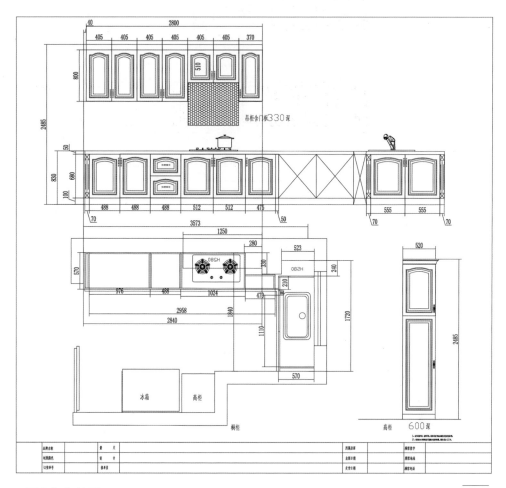

▲黑白打印效果。

图92

1 木门　**55**

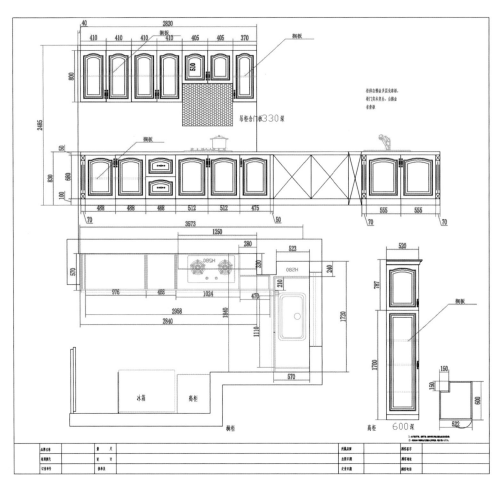

图93

▲彩色打印效果。

3 楼梯
问题 45 ~ 问题 57

整木工厂不能做什么样的楼梯？

图 94

图 95

▲▲理论上，所有的木楼梯整木工厂都能制作，不过楼梯只是其产品的一小部分，所以设计款式较少，合作单位的资源也比较少。楼梯大工几乎没有，所以遇到图中这类豪华大柱、大弧线的楼梯，一般都是外协加工制作。

整木工厂经常做什么样的楼梯？

◀▼图中的楼梯，特点是踏步板简单，扶手没有大的弧线造型，难度不大，几乎不需要楼梯大工，整木工厂自己的工人就能做。

图96

图97

没有放样楼梯扶手时师傅怎么办？

◀▼图中黄色圆圈处的转弯扶手，如果工厂处理不好，可以按照图 99 中的方式，利用中柱转换来完成。

图 98

图 99

楼梯常规的设计内容是什么?

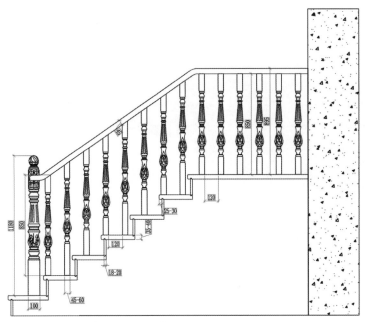

图 100

▲楼梯常规尺寸(单位: mm)。

图 101

▲整木工厂很少为客户制作楼梯基础,所做基本上都是对楼梯基础进行的装饰,内容包括楼梯踏步板、立板、大柱、中柱、小柱、楼梯扶手、侧封板、踢脚板、裙板等。

图 102

图 103

▲▲楼梯踏步板厚度一般为 35 ~ 40 mm。材质以红橡木等硬木为主,奥古曼和橡胶木也可以;软木类不能用。立板的厚度为 18 ~ 20 mm。侧封板可以用多层板贴木皮。

楼梯"一步一柱"指的是什么？

图 104

图 105

▲▲ "一步一柱"就是一个踏步板上面安装一个小柱，柱间距过大，不常用。

楼梯"两步三柱"指的是什么？

图 106

图 107

▲▲ "两步三柱"就是每两个踏步板安装三个小柱，柱间距合理，普遍使用。

楼梯"一步两柱"指的是什么?

图 108

图 109

▲▲ "一步两柱"就是一个踏步板上面安装两个小柱,柱间距过小,美观且安全性好,但造价高,较少使用。

楼梯裙板怎样做?

◀楼梯裙板展示效果。

图 110

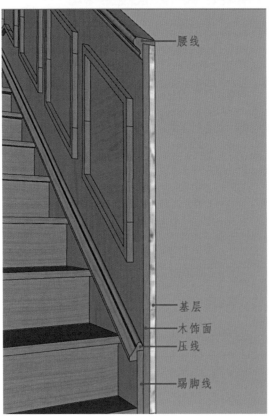

◀裙板的结构,包括腰线、基层、木饰面、压线、踢脚线。

腰线

基层
木饰面
压线

踢脚线

图 111

问题 54

石材踏步墙怎样做裙板？

◄▼石材踏步墙裙板工艺和实木相同，只是需要和石材施工方对接预留尺寸，以免发生冲突。

图 112

图 113

楼梯基层怎样做，谁来做？

图 114

◀楼梯木基层，一般由客户自己找人制作，个别客户会直接交由楼梯厂家一起制作。要做到踏步板、立板全做基层，以保证结合强度。

图 115

◀以木方加垫条的方式做的基层，不稳定，会出现基层错位，致使楼梯在使用过程中发生异响。

楼梯下方三角储藏室怎样处理?

图 116

▲这种是最常采用的处理方式,工艺也是最简单的;重点是侧封板和墙板之间的收口条要用好。

图 117

▲除非客户指定,整木设计师一般不会设计图中这么多的抽屉,因为造价会很高,而报价高就可能会失去客户,甚至不给整木设计师说明的机会。

怎样根据图纸做楼梯报价?

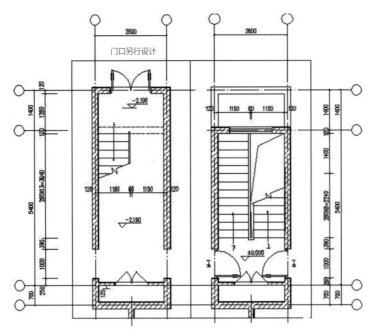

图 118

▲常见的楼梯图纸。

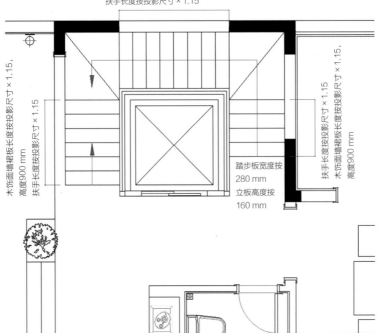

图 119

▲在根据客户提供的图纸计算工程量报价时,踏步板、立板、小柱、中柱和大柱都可以在图纸上统计出来,斜的扶手和墙裙板按投影长度乘以 1.15 计算。

4 定制家具

问题 58 ～ 问题 111

家具常用原材料有哪些？

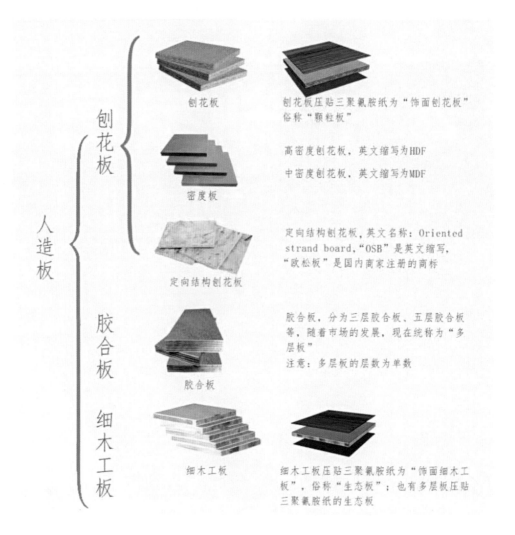

刨花板

刨花板压贴三聚氰胺纸为"饰面刨花板"
俗称"颗粒板"

高密度刨花板，英文缩写为HDF

中密度刨花板，英文缩写为MDF

密度板

定向结构刨花板，英文名称：Oriented
strand board，"OSB"是英文缩写，
"欧松板"是国内商家注册的商标

定向结构刨花板

胶合板，分为三层胶合板、五层胶合板
等，随着市场的发展，现在统称为"多
层板"
注意：多层板的层数为单数

胶合板

细木工板

细木工板压贴三聚氰胺纸为"饰面细木工
板"，俗称"生态板"；也有用多层板压贴
三聚氰胺纸的生态板

刨花板

人造板

胶合板 细木工板

图 120

▲家具常用的木材有纯原木，也有板木结合的，即柜体板用人造板，门板用原木或实木复合的。
家具常用的材料有纯原木、实木复合、免漆板等材料。实木家具常用的有红橡木、奥古曼木、红胡桃木、榆木、楸木等，也有用巴西花梨木、北美黑胡桃木、柚木等贵重的木材。免漆板常用的有颗粒板、生态板等，全用免漆板做的家具一般称为板式家具，经济实惠，市场占有量大。在原木家具和板式家具中，有一种"板木结合"形式的家具，就是柜体板用人造板，门板用原木或实木复合的，外表面饰以油漆，价格适中，漆面美观，是整木行业的主要产品。

问题 59 对于纯原木家具客户选购的多吗？

◀▼纯原木家具，柜体和柜门都是原木，质感自然，美观环保，但价格昂贵，客户选择相对较少。

图 121

图 122

什么是板木结合家具？

▲▼图 123 是图 124 的毛坯试装。图 123 中深色的板是生态板，木材本色见光板采用的是多层板贴皮；图 124 中的柜门板和酒插、拦河是纯原木。标准的板木结合产品，优点是产品美观大方，质感强烈，价格大多数客户能够接受。

图 123

图 124

问题 61 板式家具有什么特点？

◀▼图125、图126都是纯板式家具，柜体和柜门板均为人造板。图125中的材料可以是颗粒板也可以是生态板；图126中的柜门是一门到顶、密度板PET覆膜的，同时还要安装拉直器。

重要提示 尽量少做一门到顶的柜门，否则即使加拉直器也容易弯曲。

图 125

图 126

定制家具和活动家具有什么不同？

图 127

图 128

▲▲固定尺寸的家具产品。

这种家具客户需要根据自己家里的空间来选择购买，搬家也可以拆卸，之后再组装使用，这种称为"活动家具"。因为每个款式的产品都是大批量生产的，所以原材料、五金件都可以批量采购，生产效率高、成本低，具有价格优势。

图 129

图 130

▲▲定制家具。

定制家具是根据具体的空间生产制作的家具，离开这个空间基本不能使用，所以定制家具也称为"固定家具"。原材料基本是一单一采购，没有价格优势，对工人的技术要求高，也就是用工成本高，致使产品价格比活动家具要高。这些情况可以向客户进行介绍说明，多数也能理解。

颗粒板用在什么地方客户会接受？

◀▼颗粒板可以用在人不常停留的地方，如图 131 所示橱柜的柜体、图 132 所示阁楼的衣帽间。

图 131

图 132

主卧衣柜应该怎样配备？

◀主卧衣柜的基本配置是两个抽屉、一个长衣区、一个短衣区，少放隔板，把成本控制到最低。衣柜的柜体一般采用生态板，柜门用实木或实木复合的产品。

图 133

◀内部空间效果。

图 134

问题 65

主卧衣柜和床头柜的位置应该怎样协调？

◄▼主卧衣柜和床头柜的位置，有一种做法是将靠床头柜的柜门做成上下两个门，这种做法是可行的。但比较好的方式是使用 175° 铰链按图 135 的方式处理，完全保证了衣柜外观的完整性，美观且不影响使用。

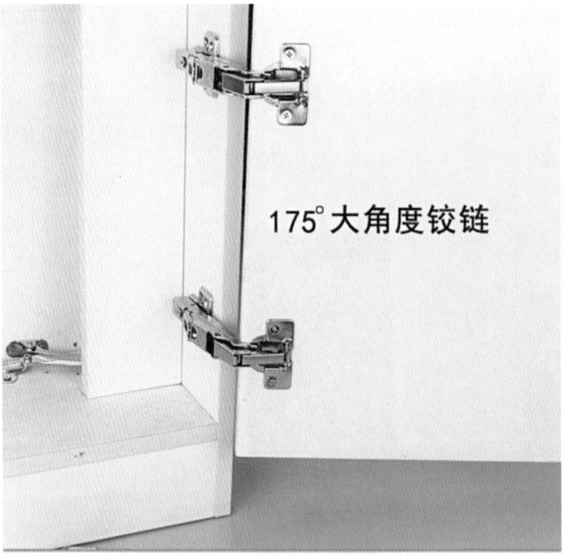

图 135

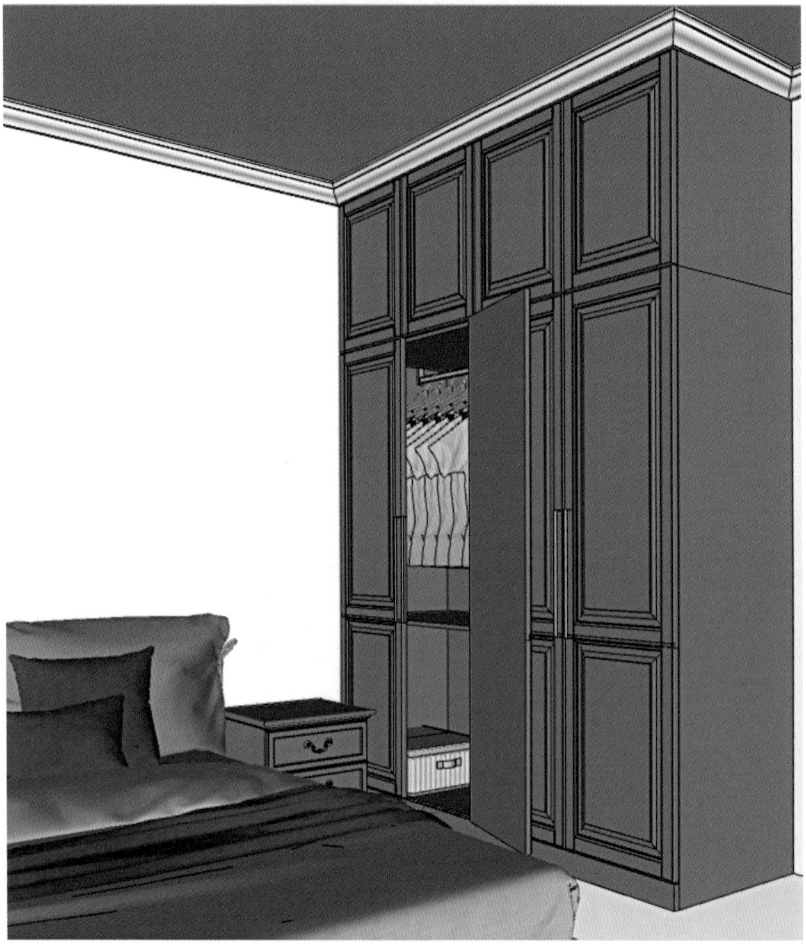

图 136

怎样处理衣柜和石膏线的关系？

◀常见的处理方法。

吊顶多为装饰公司所做，经常出现的问题是吊顶深度不够。

注意：图中冠线和天花板之间留有10 mm宽缝隙，是事先沟通征得客户同意后确定的。

图 137

◀还有一种方法是将石膏线粘结在衣柜上面，这种方法简单、粗暴但有效，注意石膏线的立高。

图 138

多层板可以做柜门吗？

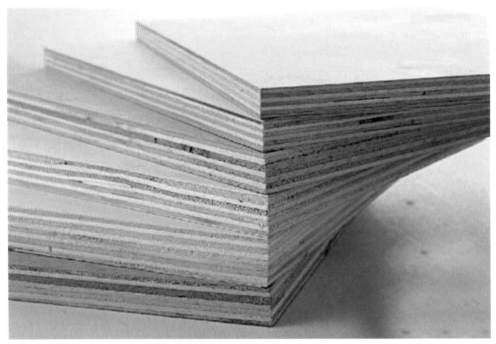

图 139

▲多层板不能做柜门，因为一定会变形，不仅仅是弯曲，而且是翘曲，拉直器根本不起作用。

图 140

▲多层板做柜门变形的原因很简单，多层板是由图中所示一张张单板压制而成的，有一些单板是由很多小块单板靠胶带粘到一起的，每块单板的含水率和纤维长度、形态、粗细等都不同，产生的应力也不相同，必然发生翘曲变形。至于做柜体见光板，由于有连接件固定，并且一般面积不大，基本不会变形。

步入式衣帽间需不需要安装柜门？

◀这种有房间门的衣帽间，因为密封比较好，灰尘也少，可以不做柜门。

图 141

图 142

▲这种敞开型的衣帽间，没有房间门，灰尘会比较多，所以要做柜门。为了避免过于沉闷，在设计的时候，可以利用玻璃门和装饰格来增加活力。

衣帽间岛台有哪些注意事项？

图 143

图 144

▲▲衣帽间岛台的功能主要是摆放、展示一些首饰、丝巾等，所以设计时，台面板一定要采用玻璃（可以加灯带），两侧要有抽屉。特别要注意的是拉开抽屉之后，所有能看到的内部结构，都要采用见光板制作。

衣帽间的转角为什么要做成空格?

◀▼ 多数情况下，衣帽间转角都是
无门设计，方便设计和使用。

图 145

图 146

衣帽间的转角柜门 175° 铰链怎样设计？

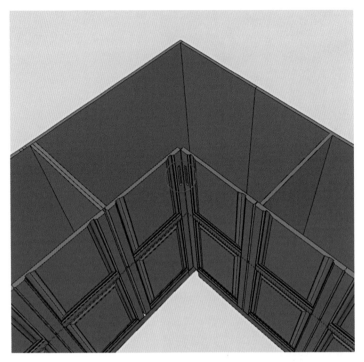

图 147

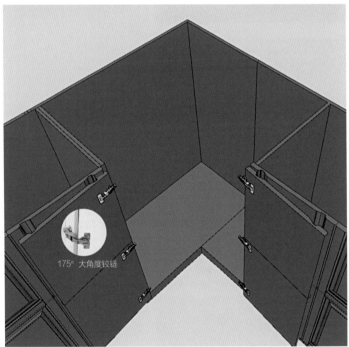

175° 大角度铰链

图 148

▲▲图 147 是柜门闭合效果，图 148 是柜门打开后的内部效果。
这是使用 175° 大角度铰链处理的一种方式，注意图 147 中的
红色圆圈位置，建议使用铣型拉手，普通拉手不便于使用。

衣帽间的转角连体柜门怎样设计？

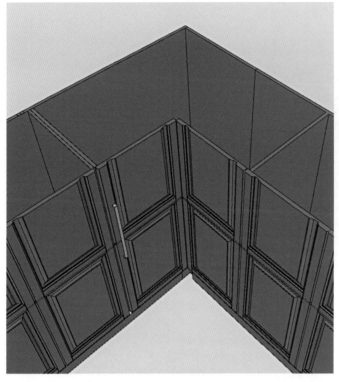

◀柜门闭合效果。

图 149、图 150 是使用
165° 和 135° 铰链组合的
方式设计柜门的效果；这种
方式均不建议使用，柜门太
重，会造成柜门下沉。

图 149

◀柜门打开展示的效果。

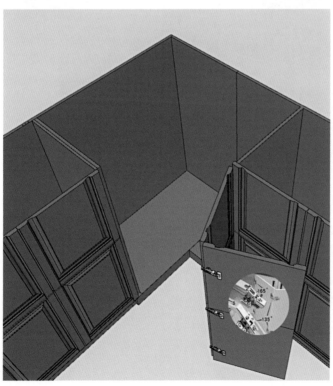

图 150

衣帽间的转角柜门怎样设计最实用?

图 151

▲柜门闭合效果。

图 152

▲柜门打开展示效果。

这是一种传统的做法,制作 70 mm 宽的铰链立板,简单、实用、稳定且成本低。

如何根据自己的身高确定橱柜的高度？

11 人赞同了该回答
不请自来。

因为不太知道您的厨房是哪种类型的，另外家电数量、生活习惯都要列入考量，就以常见的一字形为例，这部分没有标准答案，只给您一些建议，然后额外补充的，强烈建议您看下去。

【结论】
水槽台面高度 = 身高 /2+10 cm
燃气灶高度 = 身高 /2+5 cm

若身高在 160 cm，水槽台面则是 90 cm 高，而吊柜的底面高度离台面为 60 ~ 70 cm，这样的高度是为了保证油烟机不会因吸力过强而卷入火舌，而且手抬着打开吊柜也不费力。

因此吊柜底面离地建议至少要调整至 150 cm 高。

（图片来源于网络）

◀ 这是在网上看到的公式，理论上是正确的，但是实际生活中一般按照 820 mm 制作橱柜的高度就可以满足使用要求。建议还是要在现场让客户实地体验后确定橱柜高度，尤其是身高 1.8 m 以上的客户群体。

图 153

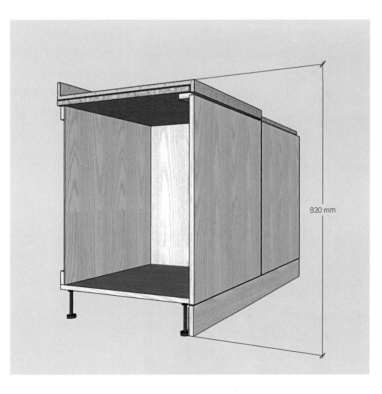

◀ 通用的高度 820 mm 就可以，平时在厨房切菜所用的时间一般不会太长，不会累到腰。

820 mm

图 154

橱柜地柜转角柜的连体柜门如何处理?

图 155

◀连体柜门。
橱柜柜门比较小,不容易产生柜门下沉问题,可以使用。

橱柜转角可以使用"小怪物"(转角联动拉篮)吗?

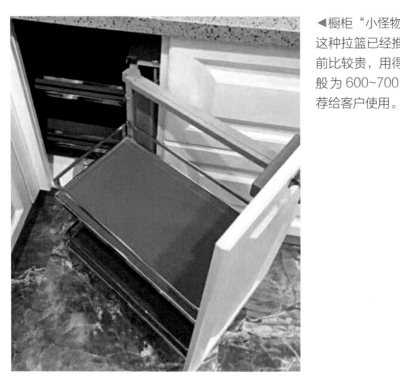

图 156

◀橱柜"小怪物"。
这种拉篮已经推出很多年了,以前比较贵,用得少,现在价格一般为 600~700 元 / 个,可以推荐给客户使用。

橱柜转角柜门最实用的使用方法是什么?

◀柜门闭合状态。

图 157

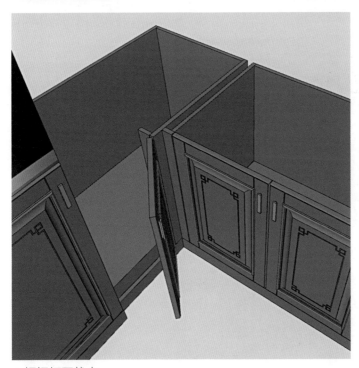

图 158

▲柜门打开状态。

这是一种传统的做法,制作 70 mm 宽的铰链立板,简单实用、稳定、成本低。需提醒客户转角里面最好放一些不常用的物品。

橱柜地柜转角柜的转角抽屉怎样设计？

◀这类设计虽然已经推出了很多年，但因为五金件价格高、安装烦琐，所以使用得比较少。

图 159

橱柜地柜转角柜的转角拉柜怎样设计？

◀图 160 是图 159 的改良版，转角柜整体是和橱柜分体的，转角柜下面是万向轮以方便抽拉，应用比较广泛，转角柜两侧的橱柜柜体要做斜山板处理，比较麻烦。

图 160

高柜和冰箱的位置关系如何处理？

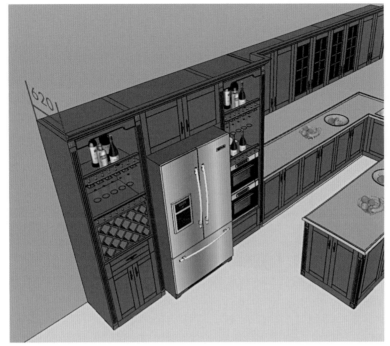

图 161

▲如果用橱柜高柜包冰箱，一定要和客户说明，冰箱的厚度要比柜体的深度大，可用图片向客户直观展示，以免安装之后发生纠纷。

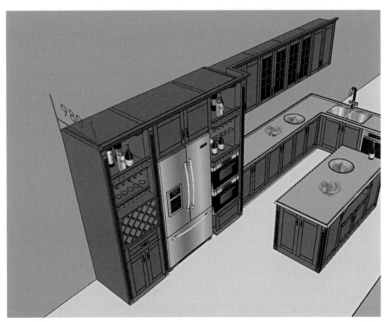

图 162

▲如果客户想要让冰箱全部被包进柜子，必须现场放样，让客户直观体验按此设计后厨房的空间感受。

冰箱怎样预留尺寸？

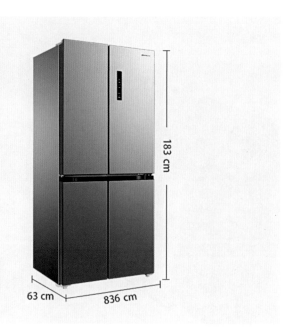

图 163

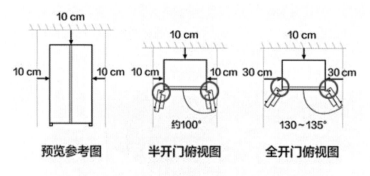

| 预览参考图 | 半开门俯视图 | 全开门俯视图 |

图 164

冰箱产品尺寸

一般是以宽×深（厚）×高的规格展示，三个尺寸分别为左右、前后和上下的最大尺寸，包含把手、电源线和调平脚等。冰箱放置时为保证系统散热和使用的便利性，**建议左右两侧、顶部和背部预留10 cm以上的距离，尤其是左右两侧距离必须保证。**

（图片来源于网络）

▲▲图 163 是在冰箱厂家官网上查到的冰箱尺寸，按两侧留 2 cm 空距设计，就会造成冰箱打不开、内部抽屉拉不出来的问题；如图 164 所示，大多数的冰箱，即便开成 90°，两侧也要留 3 cm 空距，出于安全起见，宽度至少要预留 10 cm 才可使用。

为什么不建议使用台下盆？

图 165

▲云石胶粘贴挂件安装台下盆。

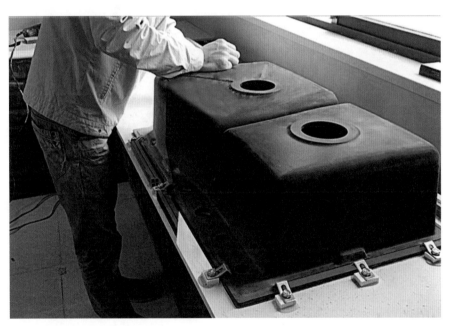

图 166

▲云石胶加螺栓安装台下盆。

台下盆是到石材工厂做成的，图165、图166所示是安装方式，主要使用云石胶粘贴挂件，把洗菜盆挂到台面板上。当洗菜盆水量过多再放入比较重的锅具时，洗菜盆极易发生脱落。

为什么台下盆支撑架不能完美地解决问题?

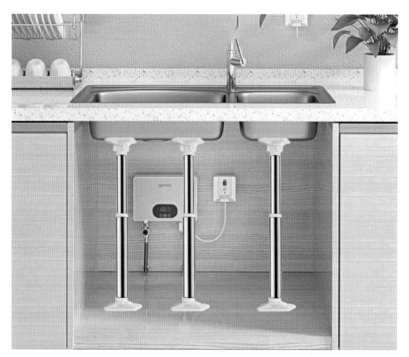

图 167

图 168

▲▲图 167 是一些厂家推出的台下盆支撑架,由于洗菜盆下面空间的利
用率特别高,可以摆放如图 168 所示的净水器、厨宝、垃圾处理器等,
支撑架严重影响空间使用和电器维修时更换配件。

洗碗机的安设要注意什么？

图 169

▲嵌入式洗碗机。

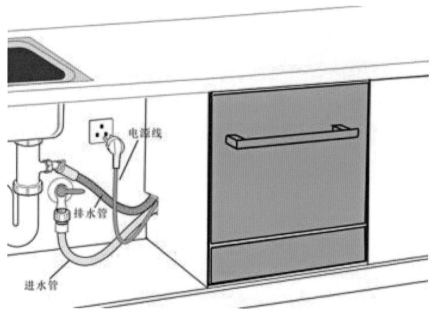

图 170

▲洗碗机安设时，尽可能挨着洗菜盆；洗碗机的上下水一般都在旁边的柜体里，有的客户不懂，会把上下水设计到洗碗机的位置，一定要提醒客户注意洗碗机厂家的安装要求。

问题 85 **油烟机为什么必须到实体店查看测量？**

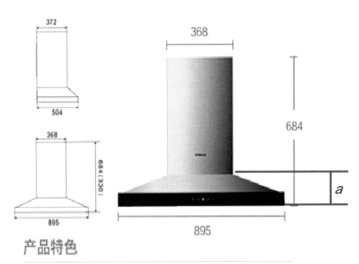

◄▼► 图 171 是某油烟机厂家官网上展示的技术参数（单位：mm）。虽然数据可以在厂家官网上查到，但是图中 *a* 的数值需要到油烟机实体店去测量后再安装，才能达到图 172、图 173 的满意效果。

产品特色

- 20m³/min反转深吸
- 免拆洗一体油网
- 430Pa强劲风压
- 内腔免拆洗
- 三级立体增压
- 深度集烟腔

图 171

（图片来源于网络）

图 172

图 173

▶图中是在油烟机厂家官网上查到的数据，根据此数据，柜深度做到 400 mm 应该是没有问题的，但结果却出现了问题（图 175）。

895 mm

399 mm

545 mm

★标注的尺寸仅供参考

图 174

（图片来源于网络）

◀这款油烟机是上翻的，柜体做成 400 mm 深，结果上翻板要么卡在门板上，要么卡在拉手处，存在严重问题。所以，一定要去实体店详细了解然后进行深化设计，才不会出错（图 176）。

图 175

含门380 mm

图 176

◀经过实际深化设计后的尺寸效果。

仔细比较图 174 和图 176，举一反三，设计师和业主需要根据油烟机厂家官网数据，再结合到实体店确认使用方法和一些查不到的数据进行设计施工，才能保证不出错。

半嵌入橱柜尺寸要求（单位：mm）

开孔尺寸（宽 × 深 × 高）：560×550×450

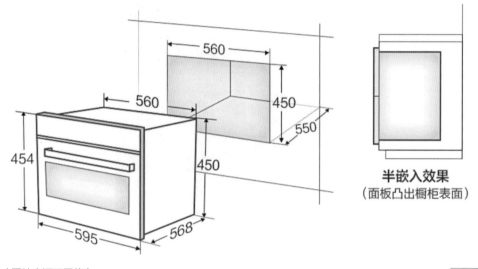

半嵌入效果
（面板凸出橱柜表面）

（图片来源于网络）

图 177

全嵌入橱柜尺寸要求（单位：mm）

内孔尺寸（宽 × 深 × 高）：560×550×450

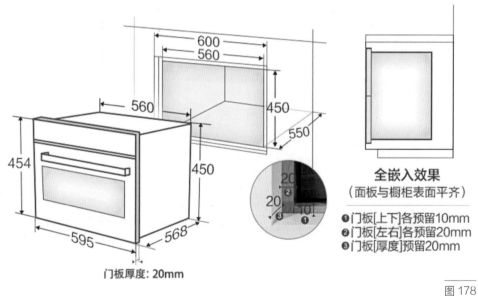

门板厚度：20mm

全嵌入效果
（面板与橱柜表面平齐）

❶ 门板[上下]各预留10mm
❷ 门板[左右]各预留20mm
❸ 门板[厚度]预留20mm

（图片来源于网络）

图 178

▲▲蒸箱、烤箱一般可以按照厂家官网尺寸下单。

安设蒸箱、烤箱要注意什么？

◄ 在设计烤箱或蒸箱空间的时候，可以在上面或下面预留 50 mm 宽的缝隙，以备调整尺寸，最后用见光板封好（图中红线圈处）。

图 179

图 180

▲ 蒸箱、烤箱的位置展示图。

这样设计是因为蒸箱的使用频率很高，热饭菜的时候会用到，所以在设计的时候，把蒸箱放在上面，使用更方便。

橱柜和门的收口怎样处理?

图 181

▲标准的橱柜和门的收口展示。

660-680mm

图 182

▲只有满足图 182 的尺寸要求,才能做出图 181 的完美效果。

图 183

图 184

▲▲现场测量的时候，必须确认图 183 中墙垛的宽度是否满足 660 mm 的要求。如果不能满足，必须向客户及时反馈，并将图 184 的图片发给客户，告知这是安装后的情况。提前告知可避免发生纠纷和造成客户在今后使用中的不便。

问题
89 集成灶的高度、排烟管、封边条应该怎样设计？

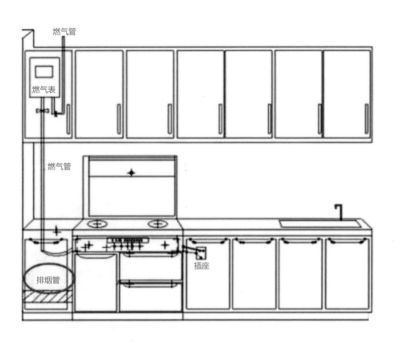

燃气管

燃气表

燃气管

插座

排烟管

图185

◀图中下排烟管的位置，设计师一定要注意。

图186

◀首先注意集成灶的高度一般是810mm，要征询客户意见，橱柜高度是否要和集成灶的高度一致（可以不一致）；然后设计柜体时要注意集成灶下排烟管的位置；设计电位图的时候还要注意，集成灶左右两侧都要有电源，一般在一侧有一个继电保护器。

调节板

图 187

▲集成灶都设有抽屉或者翻板门，当把集成灶设计到靠边位置的时候，一定要加装封边条（图中红线圈处），防止抽屉或门打不开。

重要提示 集成灶必须靠近烟道，过长的排烟管严重影响柜体空间的使用。

敞开式厨房怎样做封闭处理?

图 188

▲ ◀类似图 188 的敞开式厨房,如果客户有封闭处理的要求,可以按照图 189 的思路进行设计,设置酒柜或装饰柜加推拉门,不一定设计得特别复杂,简约现代风格的也可以。

图 189

冠线上的冠头如何处理？

图 190

▲冠头（图中黄色圆圈处）会提升产品的美观程度。

图 191

◀冠线没有做冠头，是错
误的工艺方式。

问题 92　怎样保证酒柜设计不出错误?

◀图中的数据为酒具常用的规格尺寸。

图 192

图 193

▲按图 192 所示的酒具常用规格尺寸进行设计,才能保证酒柜的美观性和实用性(图 193)。

书架、博古架设计的重点是什么?

图 194

图 195

图 196

▲▲◀图 194、图 195 所
示书架的设计是错误的,
其中的空格(图中红线圈
处)过长没有支撑,一定
会出现变形,如图 196 中
圆圈处所示。

什么情况下使用骑马抽、托底抽？

◀过长的抽屉（大于 600 mm），建议使用骑马抽或托底抽。报价一般是一个抽屉增加 100 元。

图 197

◀骑马抽。

图 198

◀托底抽。

图 199

宽度尺寸：

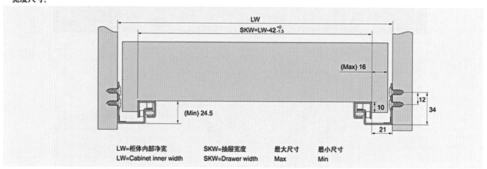

LW=柜体内部净宽　　SKW=抽屉宽度　　最大尺寸　　最小尺寸
LW=Cabinet inner width　　SKW=Drawer width　　Max　　Min

深度尺寸：

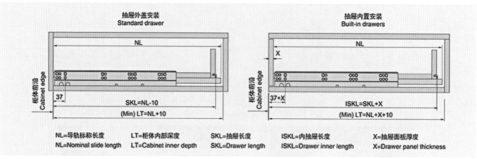

抽屉外盖安装　　　　　　　　　　　　　抽屉内置安装
Standard drawer　　　　　　　　　　　Built-in drawers

NL=导轨标称长度　　LT=柜体内部深度　　SKL=抽屉长度　　ISKL=内抽屉长度　　X=抽屉面板厚度
NL=Nominal slide length　　LT=Cabinet inner depth　　SKL=Drawer length　　ISKL=Drawer inner length　　X=Drawer panel thickness

图 200

（图片来源于网络）

▲托底抽安装示意图。

家具常用的灯带有哪几种？

◀嵌入式灯带。

图 201

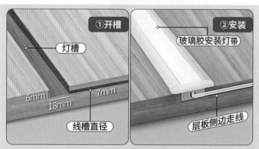

◀嵌入式灯带，需要开槽安装，美观大方，工艺上稍复杂。

① 开槽
灯槽
6mm 7mm
18mm
线槽直径

② 安装
玻璃胶安装灯带
层板侧边走线

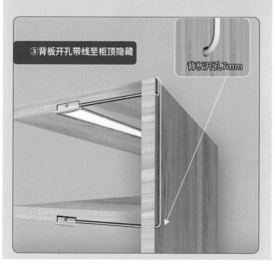

③ 背板开孔带线至柜顶隐藏
背板开孔7mm

图 202

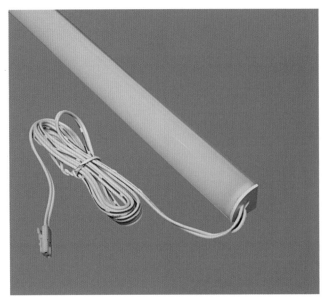

图 203

▲阴角型明装灯带（V 形 90° 柜角线条灯）。

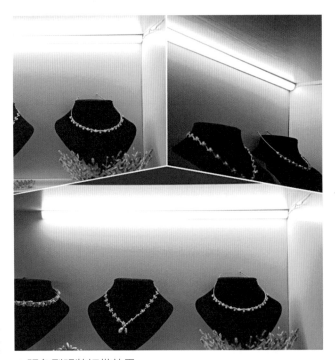

图 204

▲阴角型明装灯带效果。

阴角型明装灯带，工艺简单不用挖槽，效果也很好。安在
柜子后边就可以，建议首选使用。需要提醒客户能够看到
灯带。

家具常用的灯带有哪些配件?

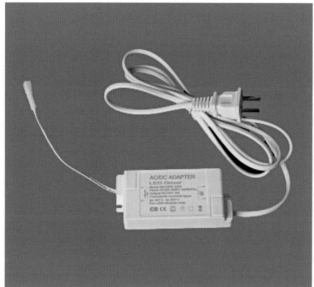

图 205

▲ LED 灯带低压电源。

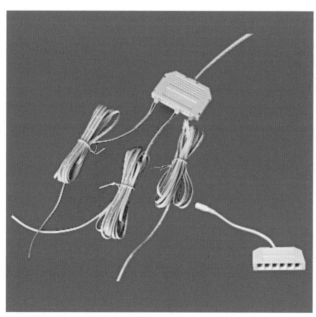

图 206

▲ LED 灯带分线盒。

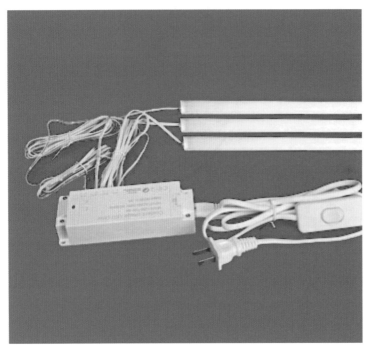

图 207

▲ LED 灯带并联安装配件。

图 208

门挡开关
开门灯亮，关门灯灭

触摸开关
触摸开关，长按调光

人体开关
人来灯亮，人走 30 s 灯灭

▲ LED 灯带的三种控制开关。

橱柜吊柜常用的三种灯带安装方式是什么？

图 209

▲第一种方式：橱柜吊柜挖槽嵌入式灯带。

这种方法工艺复杂，但效果好。

图 210

▲第二种方式：橱柜阴角明装灯带。

这种方法简单易安装，缺点是灯带无遮挡。

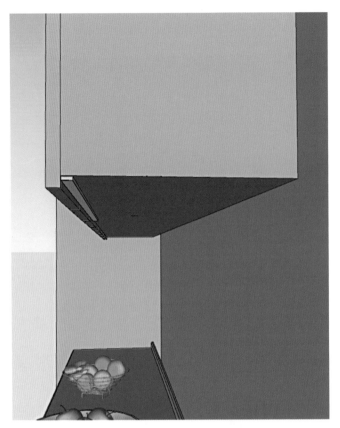

◀第三种方式：前置明装方形灯带。

注意柜门需下延 20 mm，优点是看不到灯带，缺点是打开柜门，灯带无遮挡。

图 211

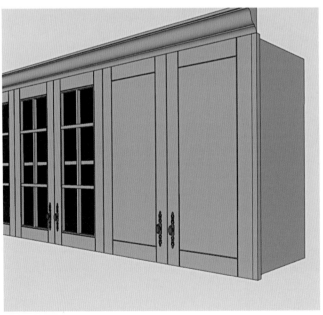

◀前置明装灯带柜的闭合状态，柜门板可以起到遮挡作用。

图 212

厨房插座位置图怎样设计，要注意些什么？

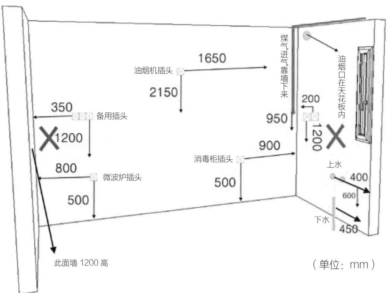

图 213

▲一种错误的插座位置图。

图 214

▲厨房插座位置图最重要的一点就是高度一定要避开 1200 mm，因为不论是 300 mm、400 mm 还是 600 mm 的墙砖，都会在 1200 mm 处有砖缝，影响美观。

没交订金可不可以把电器位置图交给装饰公司设计师？

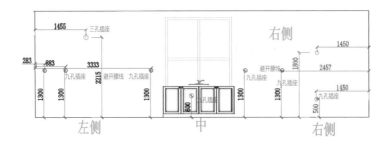

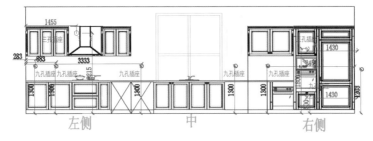

图 215

▲厨房电器位置图。

图 216

▲装修完工后的效果。

前期完成方案设计之后，瓦工进场，但是对于橱柜还没有签订合同，这个时候，有的客户就会要电器位置图，如果客户支付了部分设计费，那就必须将电器位置图交给客户；如果是免费设计的，且客户没有签订合同，则没有交付电器位置图的责任和义务；但是装饰设计师或工长索要的话，根据合作情况可以提供，但声明不对后果负责。

问题 100 墙上搁板如何安装?

搁板安装步骤为：墙上打孔安装膨胀螺栓，搁板对应位置打孔，将螺栓插入搁板开孔处固定，即可完成安装。也可以将背板靠在墙上，直接安装搁板效果也很好。

图217

▲墙上安装搁板工艺。

图218

▲常见的墙上安装搁板效果。

◀南方的榻榻米。
南方榻榻米多数没有炕沿。

图 219

图 220

▲北方的榻榻米。
北方榻榻米基本都有炕沿。

南北方榻榻米的工艺有何区别?

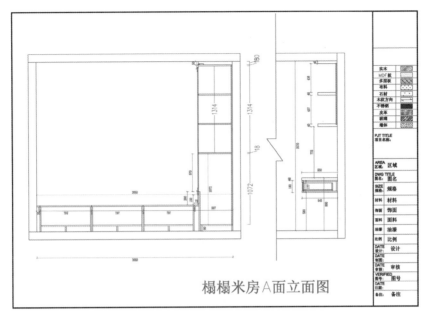

榻榻米房A面立面图

图221

▲为了防潮,南方榻榻米箱体下部会留出80 mm高的空间。

图222

▲北方榻榻米基本上没有底板,即便有也是放几块5 mm或9 mm厚板(不用连接)。

鞋柜设计要特别注意的一点是什么?

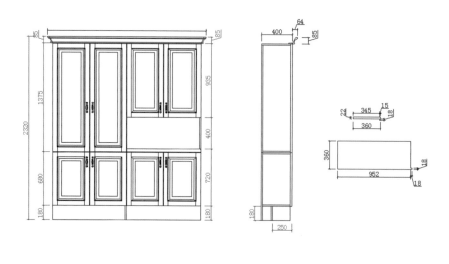

图 223

（单位：mm）

▲鞋柜深化图纸。

图 224

◀鞋柜顶部要留出400 mm高的搁物区，下面要留180～200 mm的空档放换下来的鞋。如图223底部，在250 mm处设置挡板，防止换下来的鞋滑到后面不方便拿取。

为什么要慎重使用铜条?

◀切割类 T 形铜条。

图 225

◀传统的铜条安装方式都是现场切割,人工对接 45° 角。由于铜具有一定的伸缩性,过了一段时间后,铜条会伸缩,致使对角开裂,严重的会弹出,售后很麻烦。

图 226

氩弧焊的铜条是什么样子的？

◀氩弧焊成品铜条，不会伸缩崩开，缺点是价格高。

图 227

◀成品氩弧焊铜条，是按外框面积计算的。

图 228

卫生间门垛过小不能安装卫浴柜怎么办？

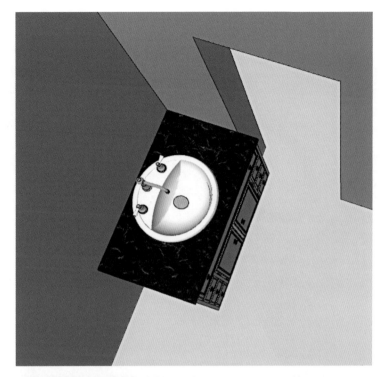

◀标准卫浴柜深度是600 mm，可以适用绝大多数的洗手盆。图中门洞的墙垛过小，测量时发现这种情况，要及时和客户沟通。解决办法是修门口，或按照图230的方式向客户提出建议。

图 229

◀设计的解决方案：将靠门一侧做窄，中间保证洗手盆能够正常安装；注意要保证房间门能够自由开关。

图 230

卫浴柜安不上水龙头了怎么办？

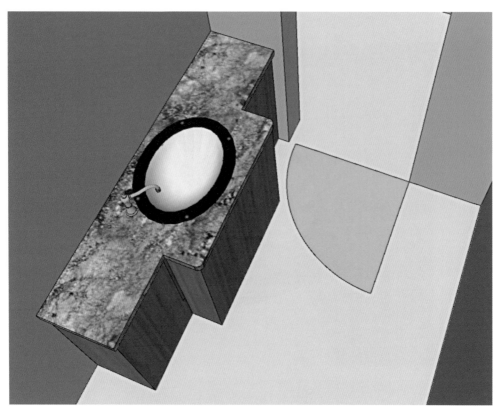

图 231

▲正常的卫浴柜水龙头都是安在洗手盆正后方的，如果现场条件不允许，或者是测量时出现了问题，如图中所示，安上洗手盆之后，正后方没有位置安放水龙头了，这个时候，可以跟业主沟通，把水龙头安到一侧。

（图片来源于网络）

图 232

◀脱漆剂。

一般情况下木制品是可以改换颜色的，主要方法是脱漆，即把原来的漆面用脱漆剂脱掉，重新涂饰油漆。

图 233

◀一些边边角角不易脱净，浅色改深色好做一些；深色改浅色，脱漆比较费工时。图中所示即是一种脱漆效果。

木门做长（短）了怎么办？

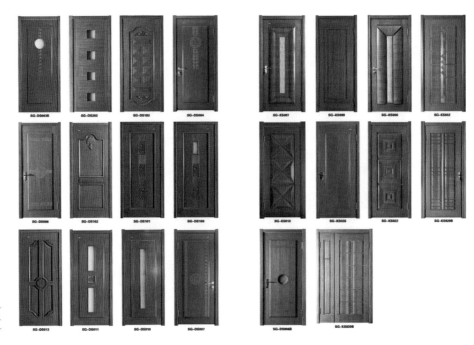

图 234

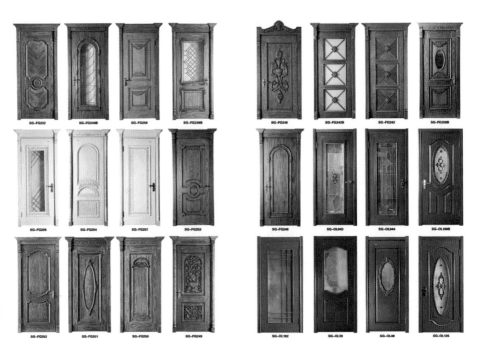

图 235

▲▲图中包括了大部分门型。

门若做长或短了，在 100 mm 之内都可以处理：长出 100 mm，上下各截去 50 mm，补木方进行处理即可；短了 100 mm，上下各接长 50 mm，补做油漆（工厂都会做）即可。但这些都属于补救的办法，还是尽量不要出错。

护墙板产品为什么要多准备阴角线？

图 236

图 237

▲▲安装现场会出现各种问题，有备无患，阴角线是我们最后的解决办法。图 236 是 25 mm×25 mm 的阴角线，图 237 是 35 mm×35 mm 的阴角线，大单必备。

为什么要做现场保护，怎么做？

◀做成品保护，第一会显得比较专业；第二点比较重要，就是在保护前让客户检查一下有没有损坏，出现问题后，责任比较容易分清。

图 238

◀通用保护膜。
有条件的企业，可以在保护膜上印制企业标识。

图 239

5 杂项
问题 112 ~ 问题 130

美式天花木怎样做（一）？

图 240

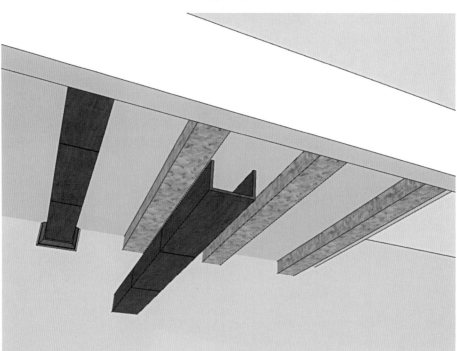

图 241

▲▲图 240 为一种美式天花木，其做法如图 241 所示，即制作 U 形套，安装在基层之上。需注意，长度可以现场裁切确定，然后用线条收口。

美式天花木怎样做（二）？

图 242

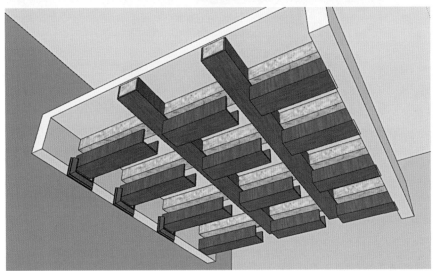

图 243

▲▲图 242 为另一种美式天花木，图 243 为其做法，即制作 U 形套，安装在基层之上，切口要在现场裁切，长度也可以现场裁切确定。

槽型（圆槽或方槽）实木吊顶怎样做（一）？

图 244

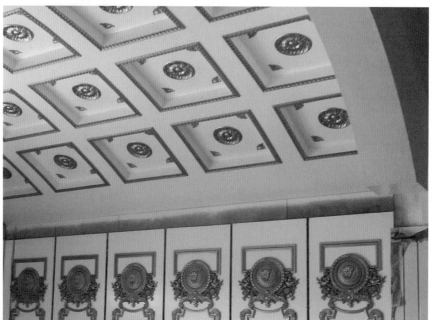

图 245

▲▲图 244 为槽型（圆槽或方槽）实木吊顶，天花板基层做成方形的空洞，然后成品做成盒子嵌入，四周用压线收口；也可以把压线和盒子做成一体安装。图 245 为吊顶完成的效果。

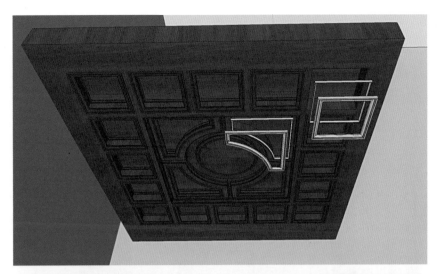

图 246

图 247

图 248

▲▲▲槽型（圆槽或方槽）实木吊顶的第二种做法：天花板基层做成方形的空洞，顶面和四周的成品板材用胶水气钉安装，四周用压线收口。

天花板线条如何安装？

图 249

▲ 常见的天花木线条设计。
木线条的宽度一般不超过 25 mm，具体尺寸一般由室内设计师确定，
具体工艺方案见图 250。

图 250

▲ 安装工艺。
安装工艺需要和室内设计师沟通，用石膏板预留槽口，以便安装。

问题 117　怎样向客户说明雕花为什么要加价？

图 251

图 252

▲▲原木雕花的材料贵，雕刻贵，打磨人工费高，价格自然高。

方柱包柱常见错误是什么?

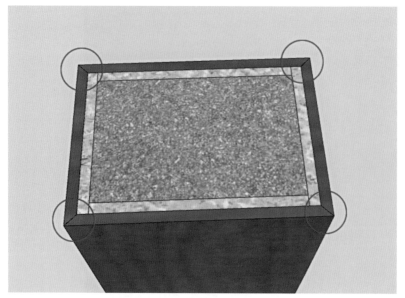

图 253

▲这种 45° 对接阳角的工艺是错误的,无论是在工厂切好还是现场用角度锯对接,都会出现问题,不可以这样做。

方柱包柱的"海棠角"收口需注意什么?

图 254

▲ "海棠角"收口方式。

这种方式是比较专业的做法,特别要注意的是,需要事先让客户了解成品阳角的样式,否则容易引起纠纷。

方柱包柱的线条收口做法和缺点各是什么？

图 255

图 256

▲▲图 255 是方柱包柱做法图示，图 256 是成品效果。具体做法是用胶水和气钉将大板固定在基层上，然后用阴角线条收口，使用纹钉和胶水固定。缺点是纹钉露钉，需做美容处理，要有选择地使用。

问题 121 方柱包柱 U 形套对接的工艺中工艺缝的处理需注意什么？

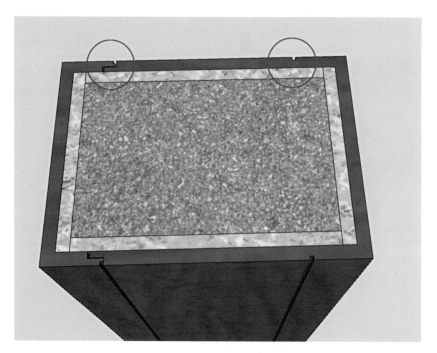

图 257

图 258

▲▲两个 U 形套对接的工艺。

注意两图工艺缝处理上的区别（图中红色圆圈处）：图 257 的工艺严谨一些，图 258 的工艺更灵活一些，根据情况选择使用。

圆柱包柱如何安装?

图 259

图 260

▲▲圆柱包柱。
一般都做成两半安装。

圆弧造型怎样制作?

图 261

图 262

▲▲圆弧造型。

一般是先做模具,然后用密度板一层一层粘贴,再确定尺寸。原木也可以做,方法不一样,比较麻烦。

现场怎样异型放样？

图 263

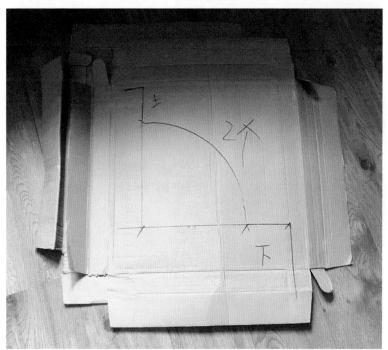

图 264

▲▲当现场异型不规则，无法测量时（图263红色圆圈处），需要采样下单，可以使用纸壳、多层板甚至塑料布（图264），放样不需要标注尺寸，直接下单生产。

室内欧式窗怎样设计？

◀▼室内窗一般在客厅与书房或客厅与儿童房之间使用，多数是圆弧洞口，可做成欧式风格。图265为简单欧式窗，设计过于简单，虽然造价低，但是客户可能会不满意；图266欧式风格浓郁，会激发起客户的兴趣。建议做两个方案、两个报价。

图265

图266

室内欧式窗设计要特别注意什么?

◀这是一种不科学的设计,详见图 268 的说明。

图 267

◀设计圆弧窗时,特别容易犯的错误就是图 267 中红色圆圈处,圆弧线套直接和直线条对接,线条的造型很难对齐,容易发生纠纷。图 268 和图 266,都是采用了一个造型进行遮挡过渡,效果非常好。

图 268

水泥大白墙上怎样安装线条框？

◀墙上安装线条框的一种效果展示。

图 269

◀不建议给客户设计木线条上墙，因为不好安装。类似图 269 的效果，实际都是石膏线，木线条要做成 U 形，后面钉基层才能安装成图 270 的效果。

图 270

问题 128 设计隐形门要注意什么？

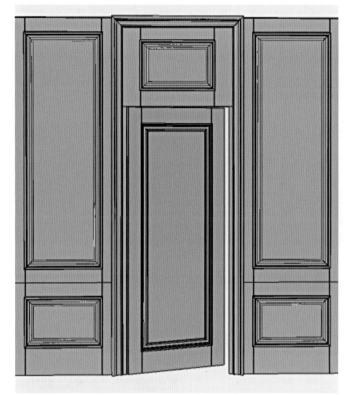

图 271

▲隐形门成品示意。

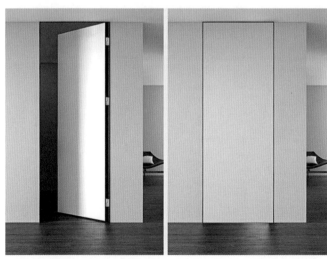

图 272

▲设计隐形门有两点要注意：第一，隐形门一般是向内开的
（也可以做成外开的，工艺不同）；第二，注意隐形门的厚
度要和液压合页吻合。

水性漆有什么优缺点？

图 273

◀水性漆效果。

◀关于水性漆的优点，"百度"上有很多，其实不用向客户介绍这么多，一句"水性漆环保"就足够了。

水性漆 ✎编辑

水性漆，水性防锈漆，水性钢构漆，水性地坪漆，水性木器漆。

对人体无害，不污染环境，漆膜丰满、晶莹透亮、柔韧性好并且具有耐水、耐磨、耐老化、耐黄变、干燥快、使用方便等特点。

中文名	水性漆	产品种类	钢构漆地坪漆木器漆漆外墙漆船舶漆
外文名	water based paint	特 点	耐水、耐磨、耐老化、耐盐雾等

优点 ✎编辑

1. 以水作溶剂，节省大量资源，消除了施工时火灾危险性；降低了对大气污染；仅采用少量低毒性醇醚类有机溶剂，改善了作业环境条件。一般的水性涂料有机溶剂占涂料在5%～15%之间，而阴极电泳涂料已降至1.2%以下，对降低污染节省资源效果显著。

2. 水性涂料在潮湿表面和潮湿环境中可以直接涂覆施工，对材质表面适应性好，涂层附着力强。

3. 涂装工具可用水清洗，大大减少清洗溶剂的消耗，并有效减少对施工人员的伤害。

4. 电泳涂膜均匀、平整。展平性好，内腔、焊缝、棱角、棱边部位都能涂上一定厚度的涂膜，有很好的防护性；电泳膜有最好的耐腐蚀性，厚膜阴极电泳涂层的耐盐雾性最高可达1200h。

图 274

（图片来源于网络）

水性漆常见问题有哪些

1．漆膜开裂

倘若出现漆膜开裂，这大多是温度过高引起的。若在温度高的室内施工，水性漆的干燥速度就会变快，会让漆面强烈收缩，从而使得漆膜开裂。建议大家在夏季刷漆时，要注意室温不可过高，油漆涂抹时要均匀不可太厚，也不能受到强风直吹。

2．漆膜泛白

漆膜泛白也是较为常见的，倘若水性漆长期处于高温、湿度大的空间下，就容易出现漆膜泛白的情况。这个问题在夏季较为常见，这是因为夏季空气湿度高，水挥发的速度较慢，倘若漆膜的水分没有完全挥发，就容易出现漆膜发白。

图 275

（图片来源于网络）

3．流挂

在调配水性漆时，若加水过多，水性漆的黏度就会下降，在施工时就容易出现流挂现象，因此大家在调配油漆时，一定要严格按照比例调配。

小编的话：总的来说，油漆的施工很重要，大家不仅要严格调配油漆，还要规范施工、认真保养，这样水性漆才能有良好的施工质量。

图 276

（图片来源于网络）

▲▲网上介绍的水性漆的缺点也很客观，设计师在向客户介绍的时候要注意，优点、缺点都要如实告知，让客户自己做判断。

常用的木皮厚度是多少?

图 277

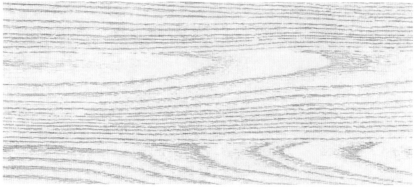

图 278

▲▲多数工厂使用的木皮基本是 0.25 mm 厚的，也有用 0.22 mm 厚的，但是容易透胶。图 278 这种开放漆，木皮的厚度要在 0.3 mm 以上。

重要提示 品牌地产精装房木门的招标文件多数是要求木皮厚度为 0.6 mm，市场上确实有几家大品牌的木皮厚度是 0.6 mm 的。

6 实例讲解
实例 1 ~ 实例 3

（一）油漆木饰面的工艺和注意事项

图 279

▲装饰公司给客户提供的效果图。

图中电视背景墙加真假隐形门，没有用材的说明。这张效果图是非常典型的案例，就是室内设计师不了解整木工艺，只是想要这个效果，至于用免漆板还是油漆板，还要看报价才能决定。这个时候，整木设计师就需要根据现场情况进行设计，并和客户的设计师进行沟通。

图 280

◀根据现场情况和测量尺寸情况可知，真假隐形门的基层设计是错误的，在这里不进行讨论，主要讲木饰面的设计思路。

（1）油漆板木饰面的设计思路和方案如下：

图281

▲油漆板木饰面电视背景墙的效果图。
注意红色圆圈处的工艺缝处理（工艺缝大小和客户的设计师商定）；绿色圆圈处
为油漆木饰面的收口工艺，详见图282~图284。

◀工艺缝细节图。

图282

◀油漆板木饰面 L 形
角收口剖面。

图 283

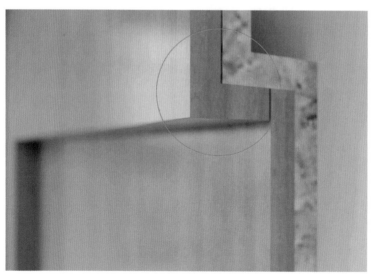

◀油漆板木饰面 L 形
角收口剖面细节图。

图 284

重要提示 油漆板端面可以封边涂饰油漆，收口可以做 L 形角，这
是比免漆板工艺好的主要原因。

◄电视背景墙细节图。

图285

▲油漆板木饰面电视背景墙深化效果图。

图286

（2）免漆板木饰面的设计思路和方案如下：

图 287

▲ 免漆板做木饰面要比油漆板木饰面复杂，主要就是板和板之间的对接，还有收口的问题。图 287 结合第 154 页图 280 可以看出，客户要求的都是竖纹，而免漆板的宽度为 1220 mm，现场的尺寸是 1685 mm，一张免漆板宽度不够，需要分块。至于分块之间的对接，不建议采用自然缝对接的方式，因为护墙板不可能安装得绝对平整，两块板接缝处会有高低起伏，不美观。所以要用 T 形金属收口条遮盖（图 288），凹进去的边框要用 L 形金属收边条收边（图 289）。

图 288

▲ T 形金属收口条。

图 289

▲ L 形金属收边条。

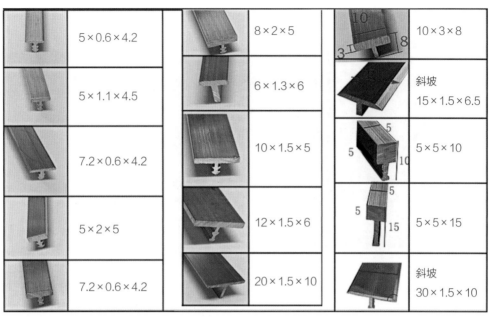

	5×0.6×4.2		8×2×5		10×3×8
	5×1.1×4.5		6×1.3×6		斜坡 15×1.5×6.5
	7.2×0.6×4.2		10×1.5×5		5×5×10
	5×2×5		12×1.5×6		5×5×15
	7.2×0.6×4.2		20×1.5×10		斜坡 30×1.5×10

▲常用 T 形金属收口条规格尺寸（单位：mm）。

图290

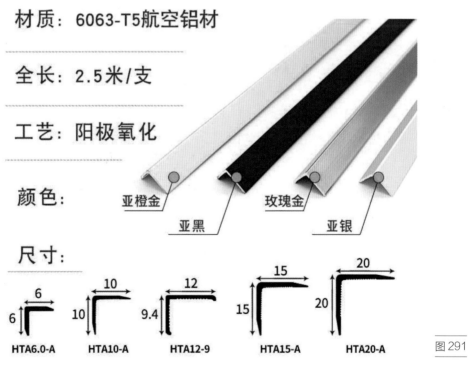

材质：6063-T5航空铝材

全长：2.5米/支

工艺：阳极氧化

颜色： 亚橙金 亚黑 玫瑰金 亚银

尺寸：

HTA6.0-A	HTA10-A	HTA12-9	HTA15-A	HTA20-A
6 6	10 10	12 9.4	15 15	20 20

图291

▲常用 L 形金属收边条规格尺寸（单位：mm）。

◀图 292 需要用图 291 的 L 形金属收边条收边。注意图 291 中规格最大为 20 mm，所以图 292 中的免漆板的厚度特别要注意，一般使用 12 mm 厚的板材。

图 292

图 293

▲免漆板木饰面电视背景墙深化效果图。

重要提示 T 形金属收口条和 L 形金属收边条的厂家可能不同，颜色一般不一致，需要提前告知客户，以免发生纠纷。

（3）原始效果图、油漆板木饰面电视背景墙、免漆板木饰面电视背景墙对比：

◀客户原始方
案效果图。

图294

◀油漆板木饰
面电视背景墙
深化效果图。

图295

◀免漆板木饰
面电视背景墙
深化效果图。

图296

（二）特殊尺寸木饰面背景墙的设计思路

◀图中的数值为标注的现场尺寸（单位：mm）。

图 297

图 298

▲客户提供的效果图。

注意图 297 的尺寸，高度为 2580 mm，宽度为 1910 mm；常规的板材为 1220 mm×2440 mm。结合图 298 客户的效果图，可以看出，如果用油漆板制作是没问题的（油漆板的材料密度板或多层板都可以接长），但是要特别注意长度和宽度是否方便运输，以及是否能够放进电梯运送上楼。但如果是免漆板就不能够使用此方案，主要是宽度存在问题（高度可以采购 2800 mm 长的板材），需要调整方案（图 299、图 300）。

◀调整方案一：做成横纹的三块板，用T形金属收口条收口，不美观，不能采用。切记，绝对不能为了实现工艺等强行设计，以致缺乏美感。

图 299

◀调整方案二：做成两块竖纹板，用T形金属收口条收口，依然是为了工艺强行设计，没有考虑美观问题，不能采用。

图 300

图 301

▲最终定稿方案：中间一块板的宽度为 1200 mm，使用 8 mm 的 T 形金属收口条收口，工艺合理，基本保留了客户的原始设计方案，方便运输、安装，使用的是 2800 mm×1220 mm×12 mm 的板材。结合第 162 页图 297 的现场尺寸，算是一个比较成功的设计了。

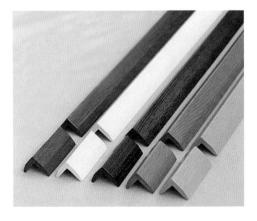

图 302

◀木饰面和实墙收口的处理，可能出现墙体不直需要现场裁切护墙板的情况。第一种方式可以自带瓷白胶美缝处理；第二种方式可以采用如图所示的收口条或 L 形金属收边条方式处理。

（三）不会制作效果图怎样和客户沟通

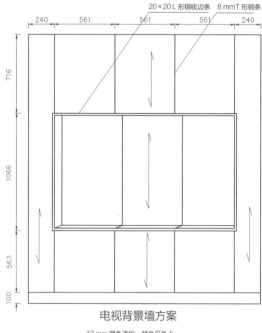

20×20 L 形铜收边条　　8 mmT 形铜条

240　561　561　561　240

716

1066

563

100

电视背景墙方案

12 mm 厚免漆板，颜色见色卡

图 303

◀▼不会制作效果图，可以用 CAD 图纸进行沟通，并要求客户签字确认。其优点是签字确认后可以免责；缺点是 CAD 图纸不够直观，客户经常会错误理解，安装之后易发生纠纷。另外，用 CAD 图纸谈单，经常造成客户流失。

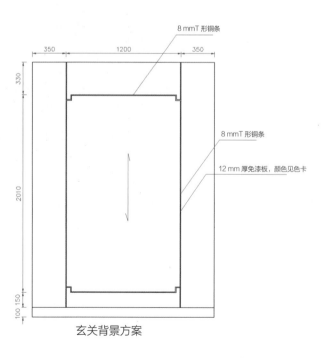

8 mmT 形铜条

350　1200　350

330

2010

100 150

8 mmT 形铜条

12 mm 厚免漆板，颜色见色卡

玄关背景方案

图 304

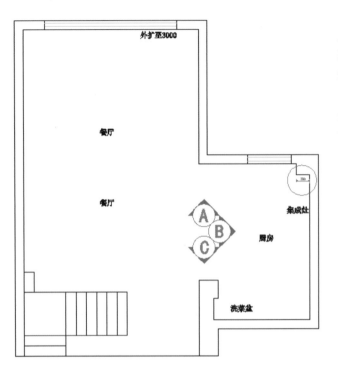

◀这是一座别墅的开放式厨房设计方案平面图，是根据现场测量的结果结合客户要求绘制的。在现场看到红色圆圈处，第一个反应就是要量取一下厚度，以确定是否能够满足吊柜 350 mm 的深度尺寸要求。图中实际尺寸为 330 mm，不能满足 350 mm 的深度要求，需要现场对客户进行说明。采取的方案是吊柜深度正常做 350 mm，提醒客户，柜体要探出 20 mm（图 307 红色圆圈），同时冠线也要探出一部分（图 308）。

图 305

图 306

▲现场照片。

图 307

▲墙垛不够厚，柜体探出一部分。也可以按照墙垛厚度设计柜体深度，但是影响使用，一般不建议这样做。

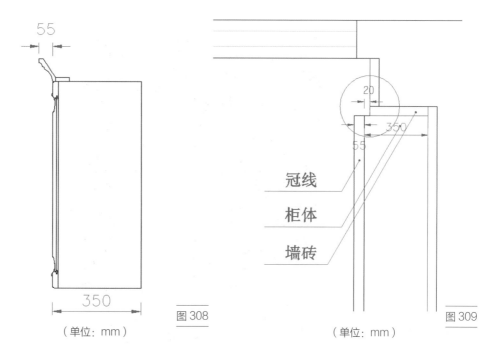

55

350

图308

（单位：mm）

20

350

55

冠线

柜体

墙砖

图309

（单位：mm）

▲注意图中冠线探出 55 mm（冠线不同，尺寸有变化），所以安装之后冠线会探出较多，超出墙垛，需要和客户提前沟通（图309）。

▲吊柜柜体冠线尺寸图（冠线不同，尺寸不同）。

◀有的安装工为了省事，冠线按图310的方式收口，从外面看如图311所示，虽然可以接受，但不完美，建议按图312的方式去做。

图310

◄冠线收口方式一。

图 311

◄冠线收口方式二。

图 311、图 312 是冠线标准的收口方式，这个不是设计的问题，属于安装问题，需要特别提醒安装工做到方式二，达到美观的效果。

图 312

◀冠线收口方式二外视效果。

图 313

◀厨房中的煤气表和煤气管线，需要特别和客户确认，煤气公司是否允许包到柜子里，然后才能进行设计。

图 314

◀注意图中绿色圆圈处，测量这根梁的高度，如果在 2600 mm 以上，基本可以按照这根梁的高度进行方案设计，最终深化图纸一定要按实际吊顶标高设计。

图 315

◀图中是餐厅方向，需要特别注意的是餐厅的吊顶和厨房的吊顶如何过渡和衔接。

图 316

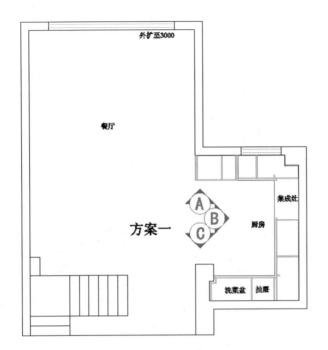

▶洗菜盆和集成灶的位置是客户指定的，我们只需要出方案就可以。方案一是一个常规的设计，有变化的是图318、图319对见光板的处理。

图317

图318

▲图中黄线圈处做平板见光板处理，这样做虽然也可以，但是有点不美观。

图 319

▲图中黄线圈处是按照造型门板来处理的，造价相对较高，但是非常美观，两种方案可根据客户的情况，灵活选用。

图 320

◀方案二是一个比较好的方案，也是容易获得客户认可的方案，详见图 321、图 322。

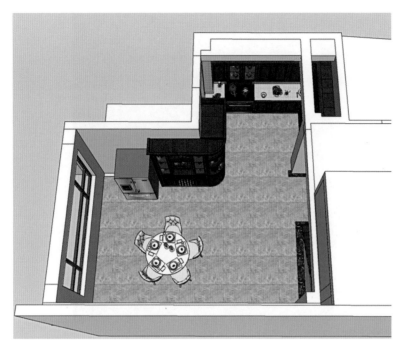

图 321

▲此方案采用了一个圆弧角柜，将酒柜和橱柜的高柜完美地结合在一起。

图 322

▲比较图 322 和图 319，可以看出，图 320 的方案更加漂亮，也更容
易签单。

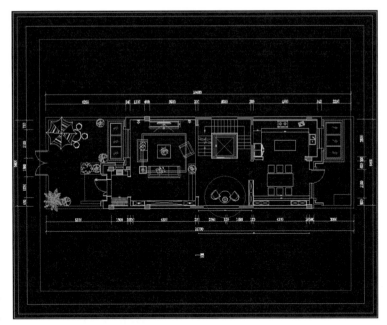

图 323

▲客户提供的平面布置图。

这部分整木设计师不参与，也不提意见。

图 324

▲室内设计师提供的效果图。

理论上，他们做的方案整木厂家都可以生产，但是多数室内设计师不了解整木的结构、工艺甚至造价，所以一定要对他们的方案进行优化。从效果图来看，很明显这是一个新中式茶室，但是缺一个重要的中式元素"圆"，并且结构不科学，造价昂贵，整木设计师要对其进行优化设计，见图 325。

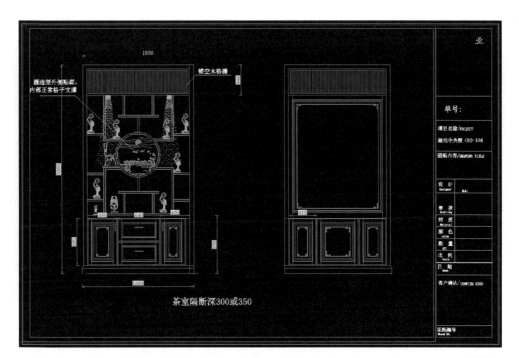

图 325

▲我们在和客户进行沟通之后（包括设计风格、使用材料及客户的预算等），做出这个方案。现在市场都需要提供效果图，整木效果图一定要完全体现设计方案和材质，让客户直观感受，以提高签单率。

◀比较一下图 326 和图 324，可以看出优化后的方案明显要好很多，中间增加了中国风的圆弧，加配灯带，以及上部的格栅和博古架，客户非常满意。

图 326

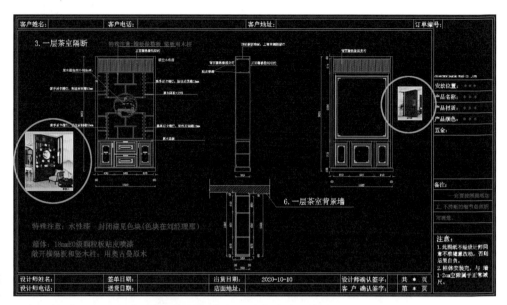

图 327

▲在下单时，深化图纸还是以多颜色为主，这样审图也很方便，且不易出错。注意图中两个绿色圆圈，展示的是效果图。因为效果图是按深化图纸制作的，百分百还原，拆单和生产人员，甚至包括安装人员都可以直观地了解产品，减少出错率。

图 328

◀比较图 328 和图 326，可以发现，除了一点色差，产品和效果图基本没有差异，客户很满意。